中国常见外来水生动植物图鉴

全国水产技术推广总站
中国水产学会 组编

中国农业出版社

北京

图书在版编目（CIP）数据

中国常见外来水生动植物图鉴 / 全国水产技术推广总站，中国水产学会组编. -- 北京 ： 中国农业出版社，2020.1

ISBN 978-7-109-25557-9

Ⅰ. ①中… Ⅱ. ①全… ②中… Ⅲ. ①外来种－水生动物－中国－图集②外来种－水生植物－中国－图集 Ⅳ. ①Q958.8-64②Q948.8-64

中国版本图书馆CIP数据核字（2019）第100933号

中国常见外来水生动植物图鉴
ZHONGGUO CHANGJIAN WAILAI SHUISHENG DONGZHIWU TUJIAN

中国农业出版社出版

地址：北京市朝阳区麦子店街 18 号楼

邮编：100125

责任编辑：王金环

版式设计：北京八度出版服务机构　　　责任校对：周丽芳

印刷：中农印务有限公司

版次：2020 年 1 月第 1 版

印次：2020 年 1 月北京第 1 次印刷

发行：新华书店北京发行所

开本：787mm×1092mm　1/16

印张：16.5

字数：375 千字

定价：168.00 元

《中国常见外来水生动植物图鉴》编辑委员会

前 言

preface

　　我国幅员辽阔，地理和气候条件复杂，水域生态系统类型繁多，包括海洋、江河、湖泊、水库、湿地等，不仅孕育了丰富的水生生物资源，也为外来水生动植物的引进、生存和繁衍提供了优良的自然资源和环境条件。自20世纪80年代以来，渔业发展重心由捕捞转为养殖后，我国积极引进外来水生动植物，在改善我国水产品结构，满足人们日益增长的消费需求，丰富人们的饮食和休闲文化方面发挥了重要作用。如罗非鱼、斑点叉尾鮰、克氏原螯虾等外来水生动物已成为我国极其重要的养殖经济动物。但外来水生动植物为水产带来新的经济增长点的同时，也为生态系统的安全带来了隐患。由于社会对外来生物入侵缺乏足够的了解和重视，相关部门在引进外来水生动植物时忽视生态安全风险评估，引进后又缺乏充分的预警防范，加之社会放生行为不科学、不规范等原因，一些外来水生动植物扩散到自然水域，可能会对我国水生生物多样性和水域生态环境造成不良影响。

　　本书在广泛收集相关资料的基础上，归纳、整理了我国常见外来水生动植物，对其学名、英文名、分类检索信息、主要形态特征、引种来源、扩散途径、分布情况、养殖概况、栖息环境、生物学特征、可能存在的风险以及防控建议等进行了介绍。为便于读者识别辨认，每个物种均配有照片，有的还对其与相近种的形态特征进行了对比分析。此外，针对我国外来水生动植物防控现状、面临的主要形势，本书还提出了我国外来水生动植物防控工作的总体思路、重点任务以及保障措施，以期为渔业、环境保护、资源管理和生物多样性等领域的工作者提供参考；同时向社会公众传播普及外来水生动植物相关知识，使大众对外来水生动植物的开发利用与生态安全风险防范有科学的认知，杜绝不科学、不合理的社会放生行为等，最终实现合理利用外来水生动植物，促进我国水产养殖业的经济效益和社会效益双提高，并有效保护本地生态系统的目的。

　　本书绪论由中国水产科学研究院珠江水产研究所胡隐昌撰写。第一章由中国水产科学研究院珠江水产研究所胡隐昌、顾党恩撰写。第二章第一节"我国外来水生动植物分类"由全国水产技术推广总站、中国水产学会罗刚撰写;第二章第二节"常见外来水生动物"撰写分工为:鲟形目、鲽形目(中国水产科学研究院东海水产研究所张涛、赵峰、杨刚),鲱形目、鳗鲡目、鲑形目(全国水产技术推广总站、中国水产学会罗刚和高浩渊,中国水产科学研究院黄海水产研究所李娇、李永涛),鲤形目、甲壳类、棘皮腔肠类(江苏海洋大学董志国、葛红星),脂鲤目、鳉形目、鲈形目(中国水产科学研究院珠江水产研究所顾党恩),鲇形目(西南大学熊波、中国水产科学研究院珠江水产研究所韦慧),贝类(江苏海洋大学董志国、中国水产科学研究院珠江水产研究所徐猛),爬行、两栖类(中国水产科学研究院珠江水产研究所杨叶欣、西南大学熊波),观赏鱼(中国水产科学研究院珠江水产研究所刘超、宋红梅);第二章第三节"常见外来水生植物"由西南大学姚维志撰写。第三章"我国外来水生动植物防控工作规划建议"由全国水产技术推广总站、中国水产学会郝向举撰写。附录一"外来水生动植物名录"由中国水产科学研究院珠江水产研究所罗渡、江苏海洋大学董志国撰写;附录二"纳入国家重点监管或已明确为外来入侵物种的外来水生动植物"由全国水产技术推广总站、中国水产学会罗刚撰写。全书由罗刚和高浩渊负责统稿及修改工作,其他编者主要负责本书的资料搜集、图片拍摄和编辑以及修改完善等工作。

本书得到了中国水产科学研究院珠江水产研究所、东海水产研究所,江苏海洋大学,西南大学,全国水产技术推广总站、中国水产学会等单位的支持;同时也得到了农业农村部科技教育司、渔业渔政管理局、长江流域渔政监督管理办公室的支持和帮助,在此表示衷心的感谢。

由于编者水平有限,加之时间仓促,书中的疏漏和不足之处在所难免,敬请广大读者和同行批评指正。

编者
2019年4月

目录

c o n t e n t s

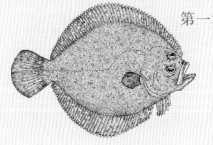

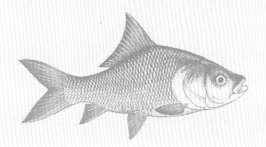

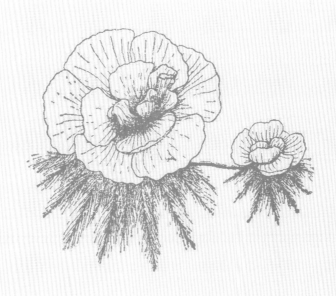

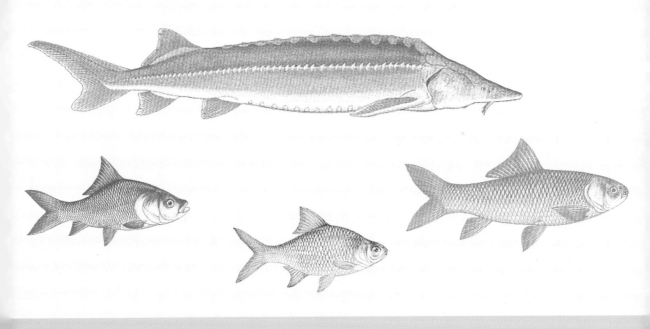

随着世界经济的发展和全球经济一体化进程的加快，各国间的物质交流更加频繁，物种的交流、引进在很大程度上增加了生物多样性，丰富了人们的生活内容。在带来便利的同时，外来物种入侵也已成为影响国家安全的主要因素之一。外来物种入侵是一个影响深远的全球性问题，中国是农业大国，生态环境脆弱，外来有害物种的入侵更是加剧了这种不利的形势，其对我国生态系统、自然环境和社会经济的影响也日益明显。外来物种入侵不仅会导致生态系统组成和结构的改变，而且会彻底改变生态系统的基本功能和性质，最终导致本地物种的灭绝、群落多样性降低，并给社会经济造成重大损失，甚至威胁国家的经济、生态和社会安全。因此，阻止外来物种入侵，抑制外来有害物种的蔓延，控制外来物种入侵所造成的危害，成为确保社会与自然协调发展至关重要的工作。

外来物种入侵是居于生境破坏之后的第二种导致生物多样性丧失的原因，已对全球环境和生物多样性保护构成威胁。外来物种入侵造成的危害主要包括对生物多样性的破坏、对生态环境的破坏、对经济造成的损失和对社会的危害。1999年美国总统克林顿在签发总统令时提到，按照一些专家的估计，外来物种入侵每年对美国造成的损失高达1 230亿美元，而这种巨额的经济损失还有进一步加大的趋势。在我国，12种主要入侵种每年对农林业所造成的直接经济损失高达574亿元，总体损失可达到数千亿元，其中水域生态领域损失尤为严重，据估计，每年的经济损失不少于300亿元。此外，更为严重的是外来物种入侵可对生态环境造成严重的破坏，可以在个体、遗传、种群、群落、生态系统等各个水平上产生影响，造成物种濒危、灭绝。据统计，至2003年，我国有害外来水生动物有克氏原螯虾（*Procambarus clarkii*）、非洲大蜗牛（*Achatina fulica*）、沙筛贝（*Mytilopsis sallei*）、指甲履螺（*Crepidula onyx*）、瓦伦西亚列蛞蝓（*Lehmannia valentiana*）、福寿螺（*Pomacea canaliculata*）、虾夷马粪海胆（*Strongylocentrotus intermedius*）、食蚊鱼（*Gambusia affinis*）、罗非鱼（*Oreochromis*）、眼斑拟石首鱼（*Sciaenops ocellatus*）、牛蛙（*Rana catesbeiana*）和巴西红耳龟（*Trachemys scripta elegans*）共12种。此外，尚有一些其他有害外来物种未被列入其中，如纳氏臀点脂鲤（*Pygocentrus nattereri*）、豹纹翼甲鲇（清道夫，*Pterygoplichthys multiradiatus*）等已经对我国造成了经济损失和生态环境方面的破坏。

虽然人类有目的地在地区与生态系统间引种和迁移生物已有数千年的历史，然而，直到1958年Charles Elton 出版了他的著作*The ecology of invasions by animals and plants*，外来物种入侵的问题才逐步被重视。中国疆域广袤，气候类型多样，从北到南跨寒温带、温带、暖温带、亚热带和热带等气候带，是世界上生物种类最为丰富的国家之一。辽阔的土地和多样的气候条件使其很容易遭受外来物种的侵害，来自世界各地的大多数物种都可能在中国找到合适的栖息地。在中国，已知的约30 000种高等植物和近3 900种鱼类中，到底有多少属于外来种，及这些物种引起了多大的环境破坏与经济损失，目前还不清楚。然而，外来物种如松材线虫（*Bursaphelenchus xylophilus*）、湿地松粉蚧（*Oracella acuta*）、美国白蛾（*Hyphantria cunea*）、水稻象甲（*Echinocnemus squameus*）、水葫芦（*Eichhornia crassipes*）、豚草（*Ambrosia artemisiifolia*）、紫茎泽兰（*Ageratina adenophora*）等，在我国很多地区已经引起了生态灾难。一些外来物种引起的过敏症等已直接威胁到人类的健康。世界自然保护联盟（IUCN）公布的全球100种最具威胁的外来入侵物种中，中国已发现半数以上。

目前，40%的世界经济发展和大约80%贫困人口的需求来自生物多样性。组成地球生物多样性的基因、物种和生态系统都是十分重要的，因为它们的丧失和退化会削弱大自然的功能。世界上任何物种均有权存在并保持其生存地。我们并不完全清楚应该如何评估哪些物种对生态功能是最基本的，哪些物种似乎是多余的，哪些物种随着世界的变化将会更加兴旺、更有价值。当我们将一个新的物种引进到另一个生态系统中时，其全部影响并不会立刻显现出来。一个外来物种的入侵可以彻底改变一个区域的生境，使之不再适合本地土著生物群落的生存。

技术和文化的交流与传播，资源和商品的交换与流通，是人类社会的基本特征，共同促进了人类文明的进步，在全球一体化的今天更是如此。其中，保障人类生存与发展的重要基础是广泛的物种交流。以我国为例，我们熟悉的黄瓜、番茄、胡萝卜、茄子、葡萄、石榴、西瓜、南瓜等都是引种的结果，而小麦、玉米、马铃薯和番薯等主要作物的引进在满足人类日益增长的食物需求的同时也极大地丰富了人们的膳食营养结构，有效地增加了土地的产出，成就了多个时期的人口快速增长。

然而，任何事物都是作为矛盾统一体而存在的，即"具有两面性"。引进外来物种在促进农业进步的同时，外来物种入侵已成为当前全球面临的严重问题之一。其中，外来水生动植物是一个主要的类群。全球100种最具威胁的外来入侵物种中，25种为水生动植物。截至2013年，中国确认的外来入侵物种已达544种，其中大面积发生、危害严重的达100多种，每年造成上千亿元的经济损失。据农业农村部的最新统计，近年来入侵中国的外来物种正呈现出传入数量增多、传入频率加快、蔓延范围扩大、发生危害加剧、经济损失加重等不良趋势。中国已经成为遭受外来物种危害最严重的国家之一。据不完全统计，至2007年我国已引进和大规模养殖的外来水生生物物种约150种，由于养殖逃逸和人为丢弃等现象，许多外来物种在带来经济利益的同时也扩散到了我国的大部分自然水域。以我国华南地区为例，在华南地区主要天然水域中的外来物种，如罗非鱼、清道夫、革胡子鲇、福寿螺等已成为常见种，在部分水域甚至已成为优势种。这些外来物种影响农业和渔业生产、水生生物多样性和资源可持续利用、水域生态系统稳定性和水资源保护，还有可能携带和传播疾病，从而影响人类健康。

然而，我们也不能因噎废食，就像不能因为害怕外来干扰而闭关锁国，不能因为对生态可能造成影响而放弃所有水利工程，不能因为可能带来的环境问题而放弃生产和发展经济。外来物种同样也不是洪水猛兽，应该科学地"扬长避短"，合理利用外来物种有利的一面，同时有效控制其有害的一面。

哪些外来水生动植物是"好的"，是可以发扬光大的；哪些是"坏的"，需要高度关注的，要了解这些，就要了解我国现阶段存在的主要外来物种，了解其种类构成、生态习性、生物学特征、分布现状和生态危害等一系列信息。

由于我国现阶段引进的外来水生动植物数量较多，且分布区域广而分散，不同的区域外来水生动植物也不同，研究这些外来水生动植物的团队也不同，因此很难举一家之力来完成这项具有挑战性的工作。在这一背景下，由全国水产技术推广总站、中国水产学会发起，中国水产科学研究院珠江水产研究所牵头，组织我国从事外来水生动植物研究工作的单位，包括上海海洋大学、西南大学、江苏海洋大学、山东大学、中国水产科学研究院东海水产研究所等，共同完成这一任务，以期普及外来水生动植物相关知识，加强公众对外来物种的认识和了解。

（胡隐昌　中国水产科学研究院珠江水产研究所）

第一章

我国外来水生动植物概况

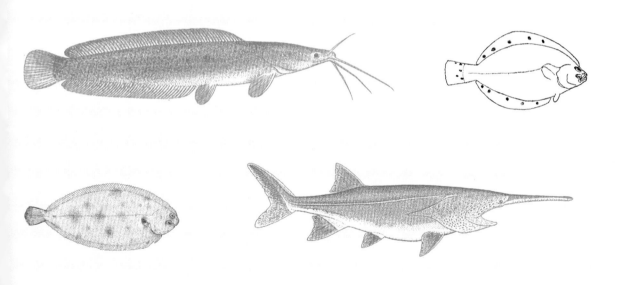

我国外来水生动植物引种和养殖概况

我国外来水生动植物的主要来源是引种,即以人类为媒介,将物种、亚种或以下的分类单位(包括可能存活、继而繁殖的部分、配子或繁殖体),转移到其自然分布范围或扩散潜力以外的地区。外来水生动植物引种主要用于养殖、观赏和生物防治,我国很多地方为了经济发展的需要,从国外引进水生动植物。据不完全统计,截至2012年,我国已引进外来水生生物物种约150种,少量外来物种如罗非鱼、罗氏沼虾、凡纳滨对虾、克氏原螯虾等已成为我国重要的水产养殖品种,在我国渔业经济发展中占有重要地位。我国大部分省份均有罗非鱼养殖,其中广东、广西、海南、云南、福建是主要养殖区。2016年,国内罗非鱼养殖产量超过177万t;凡纳滨对虾的淡水和海水总产量超过162万t,养殖区域遍布全国,其中沿海各省、湖北、江西是主要产区;克氏原螯虾的养殖产量超过72万t,养殖区域主要在江苏、安徽、江西、湖北、湖南、河南、山东、四川、浙江、重庆等地;罗氏沼虾的产量近13万t,养殖区域主要在江苏、广东及浙江。虽然以上外来物种的养殖给我国渔业发展带来了可观的经济效益,但大多数外来物种对我国渔业的贡献极低,甚至有的外来物种引发了经济损失和生态灾难。

 我国外来水生动植物分布情况

引种养殖、养殖逃逸、人为放生、增殖放流、自然扩散等都是造成外来水生动植物进入自然水域的重要因素。据调查,我国34个省级行政区都能找到外来水生动植物的踪迹。福寿螺、牛蛙因野生放养或弃养后在野外形成自然种群,罗非鱼、克氏原螯虾、革胡子鲇在我国南方主要水域均广泛分布,其中一些种类在部分水系已成为优势种。

 我国外来水生动植物研究现状

我国对外来水生动植物的研究因利用目的不同而异,对罗非鱼、凡纳滨对虾等重要的水产养殖经济物种在养殖、繁育、遗传、生态生理等多方面开展了系统深入的研究,其主要目的是提升养殖品种的产量、质量,提高渔业经济产值。生物观赏是我国引进外来水生动植物的一个重要目的。目前,我国对观赏性外来物种的研究主要集中在养殖技术方面。随着观赏鱼市场需求的扩大及其经济价值的凸显,我国对鲤科、脂鲤科、花鳉科、丽鱼科、攀鲈科、雀鳝科及鲇科等引进物种的繁育开展了试验性研究,部分品种已实现繁育生产。虽然少数外来水生动植物已经在我国成为重要的渔业经济物种，但更多的外来水生动植物是给生态环境和经济发展带来破坏，因此对外来物种的研究重点集中在生物入侵防控与清除治理技术这两个方面。

 ## 四　外来物种及其管理中的探讨

1. 外来物种与外来物种入侵

关于外来物种（alien species）的定义，IUCN物种生存委员会（SSC）2000年给出的定义为"外来物种是指那些出现在其过去或现在的自然分布范围及扩散潜力以外的物种、亚种或以下分类单元"，其简明定义为"某地区或国家从外地传入其在历史上未曾自然分布过的物种"。

外来物种入侵（alien species invasive）是外来物种由原生境经自然或人为的途径进入到另一个生境中，并在当地的自然或人为生态系统中定居（colonizing）、自行繁殖建群（establishing）和扩散（diffusing）而逐渐占领新栖息地并威胁当地的生物多样性的一种生态现象。入侵是指生物离开原生境到达新环境；定居是指生物到达入侵地后至少已完成一个世代的繁殖；适应是指入侵生物已经繁殖数代，种群缓慢增长，每一代对新环境的适应能力都有所增强；扩散是指入侵生物已基本适应了新环境，种群已具备有利的年龄结构和两性比例，具有快速增长和扩散的能力。外来入侵物种包括细菌、病毒、真菌、昆虫、软体动物、植物、鱼类、哺乳动物和鸟类（IUCN，2001）。国外学者提供的定义认为，入侵物种通过竞争、捕食、寄生或疾病传播等途径危害土著物种并造成土著物种多样性的丧失，通过对食物链的改变破坏生态系统，威胁生态系统的生物多样性（biological diversity或biodiversity），甚至造成社会经济损失，威胁人类健康，这样的物种即为外来入侵物种（alien invasive species，AIS）。由于外来物种入侵是在全球的尺度上进行，因而它们还有造成全球植物区系和动物区系均匀化的趋势。

2. 外来物种入侵形成的三个必备条件

（1）一定是外来物种。如何判断一个物种是否是外来物种，主要看历史上曾经有没有该物种分布的记载。

（2）该物种能在进入的生态环境下生存、繁衍，形成世代交替的种群。

（3）对当地的生态系统具有危害性，能改变或破坏生态系统，威胁生态系统的生物多样性，甚至造成社会经济损失，威胁人类健康。不具备此项条件的只能称之为外来物种，而不是外来物种入侵。

3. 外来物种入侵管理存在的问题

（1）"自然与经济的错位"和"生态系统与行政区域的错位"的双错位现象。在外来物种入侵的管理中，各部门出于对各自产业经济利益的保护或职责而拟定相关法规，忽视外来物种入侵的核心是对生物多样性及生态环境的损害，故而造成外来物种入侵管理中出现重经济、轻生态的"自然与经济的错位"现象，这种现象在早些年的管理中尤其突出。如福寿螺的管理往往重点关注对种植水稻的危害，其他方面关注甚少。同时，在管理中往往按行政区划进行管理，由于我国地域广阔，对内部不同生态系统之间的物种交流管理的缺失，造成国内生态系统之间外来物种入侵现象屡见不鲜，不同水系的鱼类引种泛滥，行政区划与生态系统差异造成外来物种入侵管理的"生态系统与行政区域的错位"。如银鱼引种进入云南等。

（2）罗非鱼效应。个别外来入侵物种由其带来的经济利益被放大得到相关部门的重视与支持，对其负面影响加以控制就形成了外来物种入侵管理的所谓"罗非鱼效应"。实际上，广泛养殖的罗非鱼品种是特定的杂交种，在自然水域中形成入侵的罗非鱼多是水产养殖中流出的杂交种分离出的非养殖业需求的罗非鱼品种。水产养殖业可持续发展必须规范养殖模式，防止外来物种逃逸或被遗弃至自然水域，同时加强对自然水域外来物种（如罗非鱼）的有效控制，以减轻其危害。

（3）外来物种的风险评估。引进优良水产养殖品种有利于满足人们日益增长的水产品食用需求和休闲娱乐（垂钓和观赏）需求，但引进需要科学的态度，要改变以往引进品种只重视其生长速度、抗逆性等经济性状的理念，重视其生态效应和潜在的风险。美国的亚洲鲤鱼、德国的大闸蟹等教训在世界上比比皆是。中国地大物博，南北、东西跨度大，外来物种总可以找到其适合的生存环境，因此，开展外来物种的风险评估十分重要，此项工作并不是要简单地将外来物种拒之于门外，而是要深入地分析、评估在中国适宜的养殖区、不适宜的养殖区或禁养区。如在原产于美国湖泊的大口黑鲈（加州鲈）是否在中国多湖泊的区域容易形成外来物种入侵这一问题上，应对其养殖区域进行精准划分，而不是简单地加以拒绝。笔者通过多年的调查，在我国大口黑鲈的主养区域华南地区还未见其入侵的科学证据，这是否与华南地区缺少众多的湖泊有关尚需进一步研究。

目前水产养殖正在探索绿色、环保和可持续的养殖模式，其科技进步成绩斐然，建议在引进养殖品种之前开展风险评估，使水产养殖更加符合绿色、环境可持续的发展方向。

 五　外来物种对生态环境的主要影响及防控建议

外来水生动植物在自然水域的繁衍生息对本地物种、种群结构、群落结构及食物链结构会产生一系列影响，威胁水域生态系统安全，影响水域生态系统稳定。用于促淤围垦而引进的大米草，在我国东南沿海多地入侵万亩*滩涂，导致鱼虾贝大量死亡，大片红树林消失。红耳彩龟（巴西龟）和本土龟的"联姻"导致了本土淡水龟类的基因污染，严重影响了本土龟的生存环境；不仅如此，它还是沙门氏杆菌传播的罪魁祸首，该病菌已被证明可以传播给包括人在内的恒温动物。在我国已经发现的约150种外来水生生物物种中，超过70%的入侵生物是由盲目引种所致。为避免外来水生生物入侵造成的经济损失、社会问题、生态灾难，更好地利用外来水生生物物种，促进渔业经济发展，应采取适当措施提高对外来水生生物的防控管理。一是健全外来物种海关监管机制，加强出入境检验检疫管理；二是完善外来物种区域引种管理制度，建立外来物种引种评估规范；三是制定水生生物增殖放流管理办法，规范放流水生生物品种；四是制定外来水生生物弃养处理办法，杜绝弃养物种入侵自然水域；五是向民众普及水域生态保护意识，规范水生生物放生行为；六是加强对自然水域已有外来水生生物的防治管理措施；七是深化国际合作，建立跨界水域保护协作机制。

---

* 亩为非法定计量单位，15亩=1hm²。——编者注

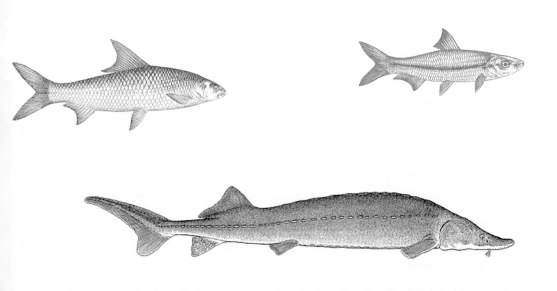

第一节　我国外来水生动植物分类

据不完全统计，为了养殖生产和经济发展的需要，我国自1957年引进莫桑比克罗非鱼以来，已引进外来水生生物物种约150种。此外，随着休闲与观赏渔业的发展，国外的各种观赏鱼类也被大量引进到国内。目前，国内养殖的海、淡水观赏鱼大多数为外来物种。据不完全统计，目前我国外来水生动植物（包括各种观赏鱼）超过560种，其中鱼类505种，爬行两栖类22种，水生植物19种，甲壳类10种，其他12种。

我国幅员辽阔，区域差异显著，跨越寒温带、温带、暖温带、亚热带和热带等多个气候带，多样的生态系统使大多数外来物种都可能找到合适的栖息地，形成我国外来水生动植物扩散面广、涉及生态系统广的特点。由于养殖逃逸和人为丢弃等现象，许多外来物种在带来经济利益的同时也扩散到了我国的大部分自然水域。以我国华南地区为例，在华南地区的主要天然水域中，外来物种罗非鱼、清道夫、革胡子鲇、福寿螺等已成为常见种，在部分水域已成为优势种。据调查，我国34个省、直辖市、自治区几乎均能或多或少地找到外来水生生物物种，并且已有证据或事实表明，部分外来水生生物物种已对人类健康、农业和渔业生产、水生生物多样性和资源可持续利用、水域生态系统稳定性和水资源保护造成严重影响。

IUCN公布全球100种最具威胁的外来入侵物种中水生生物物种有25种，其中12种已在我国发现并已造成不良影响，分别是水生植物中的大米草（*Spartina anglica*）、凤眼莲（*Eichhornia crassipes*），水生无脊椎动物中的地中海贻贝（*Mytilus galloprovincialis*）、福寿螺（*Pomacea canaliculata*），两栖动物中的牛蛙（*Rana catesbeiana*），鱼类中的大口黑鲈（*Micropterus salmoides*）、莫桑比克罗非鱼（*Oreochromis mossambicus*）、尼罗尖吻鲈（*Lates niloticus*）、虹鳟（*Oncorhynchus mykiss*）、蟾胡子鲇（*Clarias batrachus*）、大肚鱼（*Gambusia affinis*），爬行动物中的巴西龟（*Trachemys scripta elegans*）等。目前已纳入或拟纳入国家重点监管或已明确为外来入侵物种的外来水生动植物共有16种，分别是喜旱莲子草（*Alternanthera philoxeroides*）、凤眼莲、大薸（*Pistia stratiotes*）、互花米草（*Spartina alterniflora*）、福寿螺、纳氏臀点脂鲤、牛蛙、巴西红耳龟、鳄雀鳝（*Atractosteus spatula*）、小鳄龟（*Chelydra serpentine*）、豹纹翼甲鲇（*Hypostomus plecostomus*）、齐氏罗非鱼（*Tilapia zillii*）、克氏原螯虾、尼罗罗非鱼（*Oreochromis niloticus*）、水盾草（*Cabomba caroliniana*）、食蚊鱼。

本书主要介绍我国常见的外来水生动植物共103种，其中鱼类57种，甲壳类6种，贝类

16种，棘皮类1种，爬行、两栖类7种，观赏鱼12种，水生植物4种。其中，鱼类包括鲟形目5种，鲼形目1种，鳗鲡目3种，鲤形目14种，脂鲤目3种，鲇形目8种，鲑形目5种，鳉形目1种，鲈形目11种，鲽形目6种。从以上统计数据可以看出，常见外来水生动植物中，鱼类占大部分，鱼类中又以鲤形目、鲇形目和鲈形目为主。

第二节　常见外来水生动物

 鲟形目

1.西伯利亚鲟 ｜ *Acipenser baerii*

【英文名】Siberian sturgeon。

【俗　名】贝氏鲟、尖吻鲟。

【分类检索信息】鲟形目 Acipenseriformes，鲟科 Acipenseridae，鲟属 *Acipenser*。

【主要形态特征】体呈梭形，身被5纵列骨板，其间分布有许多小骨板和微小颗粒（图2-1至图2-3）。背鳍后和臀鳍后均无骨片。吻尖长。口下位，较小，横裂，下唇中断。口前具须2对，呈圆柱形。鳃膜不相连，鳃耙瘤状，末端具3个小突起。背鳍鳍条30～56。

图2-1　西伯利亚鲟幼体

图2-2 西伯利亚鲟成体

【与相近种的比较鉴别】见表2-1和图2-3。

表2-1 西伯利亚鲟和近似种比较

种类	第一背骨板	背鳍后和臀鳍后骨片	下唇	鳃耙	须	背鳍鳍条
裸腹鲟	为体高最高点	无	连续	平滑	近口部	44～54
西伯利亚鲟	不为体高最高点	无	中断	瘤状	近口部	30～56
小体鲟	不为体高最高点	无	中断	平滑	近口部	41～48
俄罗斯鲟	不为体高最高点	有	中断	平滑	近吻端	27～44
中华鲟	不为体高最高点	有	中断	平滑稀疏	近口部	50～54

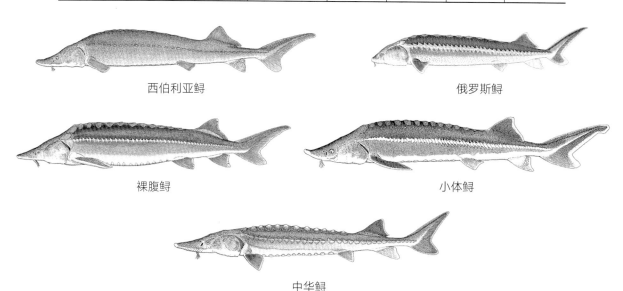

西伯利亚鲟　　　　　　　　　　　　　　俄罗斯鲟

裸腹鲟　　　　　　　　　　　　　　　　小体鲟

中华鲟

图2-3 西伯利亚鲟和近似种比较

【引种来源】1996年，北京市水产研究所首次从欧洲引进了部分亲鱼；1998—2002年，中国水产科学研究院黑龙江水产研究所每年从俄罗斯引进鱼卵。目前每年引进鱼卵数百万粒。

【扩散途径】主要是洪水、管理不当等因素造成的养殖逃逸，以及养殖丢弃进入自然水体。

【分布情况】西伯利亚鲟自然分布于从鄂毕河至科雷马河之间的西伯利亚各条河流之中。叶尼塞河、勒拿河、英迪吉尔卡河、亚纳河、哈坦加河水系内也有分布，我国仅少量自然分布于新疆额尔齐斯河。

【养殖概况】中国水产科学研究院2006年共孵化西伯利亚鲟鱼苗328.86万尾，在国内首次实现了鲟的规模化反季节苗种繁育。养殖方式包括池塘养殖、工厂化养殖、水库养殖、流水养殖、网箱养殖等，根据其生活史特征，更适宜于在水库或湖泊中进行养殖。现已推广到北至黑龙江，南至广东的10多个省、自治区、直辖市养殖。为我国鲟类主要养殖种类之一。

【栖息环境】底栖鱼类，可耐严寒。有半洄游型、河居型和湖河型三种生态类群。多栖息于河流中下游，亦可进入半咸水水域，极少进入海水水域，常停留在河床较深的地方。

【生物学特征】冷水性鱼类，适温范围较广，最适生长水温为17~23℃。生长相对较慢，生长速度并无性别差异。最大个体体重可达200kg，体长达3m。性成熟晚，在天然水域中性成熟年龄一般雄鱼为16~18龄，雌鱼为18~20龄，怀卵量一般为30万~60万粒，受精卵为黏性、沉性，产卵周期一般为4年左右。人工养殖条件下，性成熟年龄可大大提前。杂食性鱼类，主要摄食底栖动物，以摇蚊幼虫为主，兼食小鱼、小虾，也摄食有机碎屑等。

【可能存在的风险】一是与土著鱼类发生竞争性排斥，尤其是与长江水系中的国家一级保护动物中华鲟以及达氏鲟等发生食物及栖息地竞争，影响中华鲟、达氏鲟等原生鲟幼鱼的育肥和生存。二是理论上与其他自然分布的鲟存在杂交风险，导致基因污染，影响其他鲟的种质状况。三是养殖逃逸或丢弃的鱼类可能携带病原体进入自然水体，从而导致疾病传播，尤其是因为病害而导致的养殖丢弃。

【防控建议】一是加强监管，对江河、湖泊、水库等自然水体中的网箱养殖进行严格控制和管理，同时大力推广陆上工厂养殖和集约化养殖，降低逃逸和丢弃风险。二是开展科普宣传，并督促养殖人员依法销毁废弃养殖个体。三是野外误捕后应及时报告县级以上渔业主管部门或其授权相关机构，在其指导下进行无害化处理或转移至可控区域，原则上不应放回原水域。

（张涛　中国水产科学研究院东海水产研究所）

2. 俄罗斯鲟 | *Acipenser gueldenstaedtii*

【英文名】Russian sturgeon。

【俗　名】俄国鲟、金龙王鲟。

【分类检索信息】鲟形目 Acipenseriformes，鲟科 Acipenseridae，鲟属 *Acipenser*。

【主要形态特征】体呈梭形，身被5纵列骨板，其间体表分布有许多小骨板，称作"小星"（图2-4、图2-5）。吻短钝，略呈圆形。口下位，较小、横裂、较突出，下唇中央分断。口前具须2对，近吻端，呈圆柱形。鳃膜不相连。背鳍鳍条一般少于44。

图2-4 俄罗斯鲟幼体

图2-5 俄罗斯鲟成体

【引种来源】1993年辽宁省大连市开始从俄罗斯引进，并养殖成功；1996年大连瓦房店和俄罗斯合作养殖俄罗斯鲟；1998—2000年，中国水产科学研究院黑龙江水产研究所从俄罗斯引进鱼卵育苗成功，并向全国推广。

【扩散途径】主要是洪水、管理不当等因素造成的养殖逃逸，以及生产过程中发生的养殖丢弃。

【分布情况】自然分布于里海、亚速海和黑海水系，欧亚大陆各主要河流均有分布。其最大的自然分布种群为流入里海的伏尔加河种群。

【养殖概况】目前在全国多省建立了俄罗斯鲟苗种培育基地，苗种供国内各省养殖，经过十多年在全国各地进行推广，目前已具备一定的养殖规模，作为亲本广泛用于鲟的杂交育种。

【栖息环境】分为江海洄游性种群和淡水种群，底栖鱼类，喜栖息于沙质或泥质水域。在河流中栖息水层水深为2～30m。常独居，仅在越冬和产卵期间集群移动。

【生物学特征】底层冷水性鱼类，生长速度快，抗病力强。最大个体体长可达230cm，体重110kg，50龄。初次性成熟年龄，雄鱼7～9龄，体长100～110cm；雌鱼11～13龄，体长110～160cm。产卵间隔2～3年。怀卵量变异较大，绝对怀卵量在2.6万～116.5万粒，鱼卵一般呈深灰色，卵径约3.5mm。肉食性鱼类，主要摄食底栖软体动物、甲壳动物和小型鱼类等；幼鱼以浮游动物、底栖动物及水生昆虫为食。

【可能存在的风险】一是与土著鱼类发生竞争性排斥，尤其是与长江水系中的国家一级保护动物中华鲟、达氏鲟等发生食物及栖息地竞争，影响中华鲟、达氏鲟等原生鲟幼鱼的育肥和生存。二是理论上与其他自然分布的鲟存在杂交风险，导致基因污染，影响其他鲟的种质状况。三是养殖逃逸或丢弃的鱼类可能携带病原体进入自然水体，从而导致疾病传播，尤其是因为病害而导致的养殖丢弃。

【防控建议】国内俄罗斯鲟养殖主要用于鱼子酱生产加工，因此受鱼子酱价格波动及养殖成本等因素影响，可能会出现养殖丢弃现象，因此应严格控制网箱养殖规模，并加强养殖监管，降低逃逸和丢弃风险。野外误捕后应及时报告县级以上渔业主管部门或其授权相关机构，不应放回原水域。

（张涛　中国水产科学研究院东海水产研究所）

3. 裸腹鲟 | *Acipenser nudiventris*

【英文名】fringebarbel sturgeon，ship sturgeon。

【俗　名】鲟鳇鱼。

【分类检索信息】鲟形目 Acipenseriformes，鲟科 Acipenseridae，鲟属 *Acipenser*。

【主要形态特征】体呈梭形。身被5纵列骨板，背侧骨板最大。头大，呈三角形。吻突出，稍平扁。口下位，横裂，下唇完整连续，不中断。吻下部具须2对，距口较距吻端为近，均有发达突起。背鳍鳍条44～54。尾鳍上缘具一纵行棘状鳞。体背侧青绿色，腹侧银白色。高龄鱼腹骨板逐渐磨损直至完全消失，因此称为裸腹鲟（图2-6、图2-7）。

图2-6　裸腹鲟成体（新疆维吾尔自治区水产科学研究所张人铭　供图）

图2-7　裸腹鲟成体

【引种来源】1933—1934年从咸海的锡尔河共引入289尾裸腹鲟至巴尔喀什湖的伊犁河，其自我繁殖并形成了新的种群。

【扩散途径】偶见养殖逃逸。

【分布情况】裸腹鲟原自然分布于黑海、亚速海、里海和咸海及流入这些水域的河流中。引种移殖后，我国少量自然分布在新疆伊犁河水系。其自然种群目前已处于濒危状态。

【养殖概况】难以获得裸腹鲟亲鲟，人工繁殖工作已经停止。目前国内仅少数地区尚有养殖，用于鱼子酱生产。

【栖息环境】洄游性底栖鱼类，喜栖息于底质多泥的近海浅水区，产卵季节进行溯河洄游。也有文献记载另有常年生活于淡水中的定居性种群。

【生物学特征】生长较快，雌鱼生长快于雄鱼，寿命通常30～32龄。性成熟较晚，雌鱼成熟早于雄鱼。库拉河中有2个洄游群体，4—5月水温6.2～13℃时，春季洄游种群进行溯河，10—11月水温12～17.9℃时，秋季洄游种群开始溯河，雌鱼性成熟年龄12～14龄，雄鱼6～9龄；而乌拉尔河仅有春季洄游型，雌鱼16～22龄性成熟，雄鱼13龄，雌鱼绝对怀卵量16.5万～71.5万粒，卵径1.5～3.0mm。肉食性鱼类，多瑙河中主要摄食浮游动物及其他水生昆虫、软体动物和甲壳类等；里海中原本主要摄食鱼类和软体动物，但由于1950年一种蟹类移入里海，蟹逐渐成为其主要食物组成。

【可能存在的风险】国内自然资源和养殖规模均较小，目前尚未发现生态风险。

【防控建议】加强养殖管理，防止养殖逃逸。对野外误捕和社会公共区域发现的个体，应及时报告县级以上渔业主管部门或其授权相关机构，不应放回自然水域。

（张涛　中国水产科学研究院东海水产研究所）

4. 小体鲟 | *Acipenser ruthenus*

【英文名】sterlet sturgeon。

【俗　名】小种鲟、西德鲟。

【分类检索信息】鲟形目 Acipenseriformes，鲟科 Acipenseridae，鲟属 *Acipenser*。

【主要形态特征】体呈长锥形。身被5纵列骨板，其间具小梳状颗粒。吻端锥形，侧边缘圆形，吻突腹面有2～4个突起。口下位，横裂，下唇中断。吻下部具长须2对，圆形。鳃膜不相连，鳃耙平滑无结节。背鳍鳍条41～48。侧骨板数目多于55个，且颜色较体色浅。体色变化较大，通常背部呈深灰褐色，腹部呈黄白色（图2-8）。

图2-8　小体鲟成体

【引种来源】1997年，中国水产科学研究院黑龙江水产研究所从俄罗斯引进试养。

【扩散途径】管理不当等因素造成的养殖逃逸，以及生产过程中发生的病鱼丢弃等。

【分布情况】广泛自然分布于欧洲地区的入海河流中，包括里海、黑海、亚速海、波罗的海等。我国仅分布于新疆鄂毕河上游的额尔齐斯河水系。

【养殖概况】我国多地均有养殖，目前主要在大型水体中开展试验养殖。由于个体较小，一般作为杂交亲本，用于人工育种。

【栖息环境】淡水定居性鱼类，通常不作远距离洄游。栖息于河流的低地和丘陵地带，常滞留在底质为砾石或沙质的河床低洼处。在水库中，小体鲟喜栖息在水体流动的水库上游端。

【生物学特征】通常成熟个体全长30～80cm，体重0.15～5kg，最大个体全长可达125cm，体重可达16kg。春季汛期时，上溯产卵，洄游持续4～5周，产后亲鱼降河洄游至河湾、沙滩或泥质河道觅食育肥，受精卵孵化期一般为4～11d，仔鱼孵出后停留在产卵场。雄鱼4～5龄性成熟，雌鱼5～9龄性成熟。主要摄食水生昆虫，也摄食小型无脊椎动物及鱼卵等。

【可能存在的风险】一是与土著鱼类发生竞争性排斥，抢占和挤压土著鱼类生态位。二是自然条件下，可与多种其他鲟杂交，如裸腹鲟、俄罗斯鲟、西伯利亚鲟等，存在基因污染的风险，可能恶化鲟科鱼类种质状况。三是病鱼丢弃后进入自然水体，可能携带病毒、细菌、寄生虫、霉菌等多种病原体，从而导致疾病传播。

【防控建议】一是加强养殖监管，对江河、湖泊、水库等水体中的网箱养殖进行严格控制和管理，严格管控自然水域中的养殖规模，同时大力推广陆上工厂化养殖和集约化养殖，防止逃逸扩散和随意杂交，降低丢弃风险。二是加强防控宣传教育，增大科普宣传力度，禁止随意放生放流和丢弃等行为，并督促养殖人员依法销毁废弃养殖个体。三是野外误捕后应及时报告县级以上渔业主管部门或其授权相关机构，在其指导下进行无害化处理或转移至可控区域，原则上不应放回原水域。

（杨刚　中国水产科学研究院东海水产研究所）

5. 匙吻鲟 ｜ *Polyodon spathula*

【英文名】Mississippi paddlefish。

【俗　　名】鸭嘴鱼、鸭嘴鲟。

【分类检索信息】鲟形目 Acipenseriformes，白鲟科 Polyodontidae，匙吻鲟属 *Polyodon*。

【主要形态特征】体呈长梭形，尾部侧扁。无骨板，体表光滑，鳞片退化。头较长，头长为体长一半以上。吻长，形如匙柄，无须。口下位，不能伸缩，口裂大，两颌有尖细小齿。尾鳍分叉，尾鳍上叶有棘状硬鳞。背部黑灰色，具分散斑点，腹部白色（图2-9、图2-10）。

图2-9　匙吻鲟幼体

图2-10　匙吻鲟成体

【与相近种的比较鉴别】见表2-2和图2-11。相近种为白鲟科、白鲟属的白鲟（*Psephurus gladius*），白鲟为我国特有的大型濒危鱼类，是国家一级保护动物。主要形态差异为本种吻呈桨状，尾鳍上硬鳞13～20枚；而白鲟吻呈剑状，尾鳍上硬鳞6～7枚。

【引种来源】1990年4月，湖北省仙桃市水产研究所首次从美国密西西比河引进匙吻鲟受精卵，最终孵化育苗5 000尾，成活2 000余尾，宣告首次试养成功；此后，多次从美国引进匙吻鲟受精卵，进行了大规模生产性试验；2002年3月，成功获得了自行繁育的子一代幼鲟。

表2-2　匙吻鲟和近似种比较

种类	吻形状	尾鳍上硬鳞
匙吻鲟	桨状	13～20枚
白鲟	剑状	6～7枚

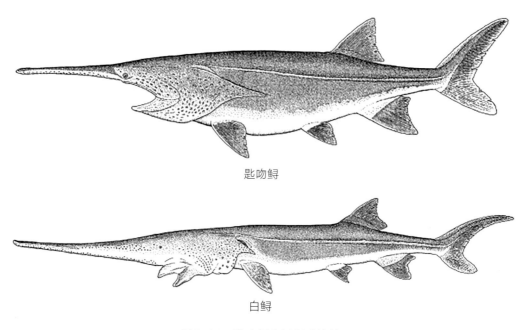

匙吻鲟

白鲟

图2-11　匙吻鲟和近似种比较

【扩散途径】主要是洪水、管理不当等因素造成的养殖逃逸，以及生产过程中发生的养殖丢弃。

【分布情况】自然分布于美国密西西比河流域、俄亥俄河主要支流，亚拉巴马州西部至得克萨斯州东部均有分布，北美五大湖也有少量种群分布。

【养殖概况】在我国已形成较大规模的人工养殖产业，全国多地均有养殖，包括北京、河南、四川、福建、广东、海南以及湖北等10余个省、直辖市。其成鱼肉味鲜美，鱼子酱质量较高，鱼皮可制成高级皮革制品，幼鱼摄食动作独特，可作为高档观赏鱼。目前国内养殖成品主要作为商品鱼食用，美国主要用于鱼子酱生产。

【栖息环境】淡水鱼类，适温范围广，在0～37℃的水体中均能生存，最适生长温度

25～32℃。大型敞水性鱼类，喜栖息于大河的缓慢流动水体中，通常在水深超过1.3m的水体上层活动。春天涨水季节，从深水区游至饵料丰富的缓流区和干支流交界处。晚秋至初冬季节回到深水区越冬。

【生物学特征】生长速度较快，1龄个体最快当年可至50cm以上，1龄后生长减慢，至5龄前，年均增长5.1cm。最大全长可达180cm，体重37kg以上。雌鱼10～12龄性成熟，雄鱼7～9龄性成熟。怀卵量大，14.1～23.6kg的雌鱼怀卵量为14.8万～50.7万粒。3—6月在砾石沙滩上产卵，卵具黏性。主要滤食浮游动物，偶尔摄食摇蚊幼虫等。

【可能存在的风险】一是与土著鱼类发生竞争性排斥，进行食物及栖息地竞争，抢占和挤压土著种类的生态位。二是成鱼一般不易发病，但幼鱼极易受寄生虫感染，因此养殖逃逸或丢弃的鱼类可能导致病害蔓延。

【防控建议】一是加强养殖监管，对江河、湖泊、水库等水体中的网箱养殖进行严格控制和管理，同时大力推广陆上工厂化养殖和集约化养殖，防止逃逸扩散和随意杂交，降低丢弃风险。二是加强防控宣传教育，增大科普宣传力度，禁止随意放生放流和丢弃等行为，并督促养殖人员依法销毁废弃养殖个体。三是野外误捕后应及时报告县级以上渔业主管部门或其授权相关机构，在其指导下进行无害化处理或转移至可控区域，原则上不应放回原水域。

（杨刚 中国水产科学研究院东海水产研究所）

二 鲱形目

美洲西鲱 ｜ *Alosa sapidissima*

【英文名】American shad。

【俗 名】美洲鲥、美国鲥鱼。

【分类检索信息】鲱形目 Clupeiformes，鲱科 Clupeidae，西鲱属 *Alosa*。

【主要形态特征】身体呈纺锤形，较侧扁。头大，眼较大。下颌边缘呈尖角状，与上颌凹槽嵌合。侧线不发达。体背部为有金属光泽的蓝绿色，体侧下半部银白色。鳃后近背部具4～6个黑斑（图2-12、图2-13）。

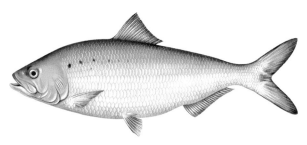

图2-12 美洲西鲱（模式图）

图2-13 美洲西鲱（标本图）

【与相近种的比较鉴别】美洲西鲱与鲥（*Tenualosa reevesii*）形态相似，但外观上有明显的区别，即美洲西鲱鳃盖后上方有一个大的黑斑，后面跟着若干个小斑点，近似直线排列，鲥眼睛后方没有斑点。孟加拉鲥（*T. ilisha*）、美洲西鲱和鲥在外部形态上很难区分（图2-14），唯一的明显区别的是：孟加拉鲥的臀鳍鳍条较短，且基本上被一层薄鳞覆盖，而美洲西鲱和鲥的臀鳍鳍条较长且仅基部被鳞片覆盖（图2-15）。美洲西鲱的脊椎骨数、纵列鳞数及体长/体高、体长/头长都大于其他两种鲥鱼，因此在外观上美洲西鲱体形更显修长，头部更小。在可数性状上，可以通过第一外鳃弓鳃耙数和脊椎骨数目明显区分开3种鱼。孟加拉鲥、美洲西鲱和鲥具体形态特征区别见表2-3。

【引种来源】2001年我国首次从美国引进美洲西鲱受精卵。2008年刘青华研究团队率先突破美洲西鲱繁育技术，改变了美洲西鲱受精卵依赖进口的局面。从此，美洲西鲱苗种供给量逐年增加。据不完全统计，2016年美洲西鲱苗种供给量已突破每年100万尾。

表2-3　孟加拉鲥、美洲西鲱和鲥具体形态特征区别

种类	眼后斑点	臀鳍	脊椎骨数量	纵列鳞数量	体长/体高	体长/头长	第一外鳃弓鳃耙数
美洲西鲱	眼睛后上方有一个大的黑斑，后面跟着若干个小斑点，近似直线排列	臀鳍鳍条较长且仅基部被鳞片覆盖	46～48	56～61	3.48±0.16[b]	4.19±0.14[b]	24～31+47～55
孟加拉鲥	眼睛后方没有斑点	臀鳍鳍条较短，且基本上被一层薄鳞覆盖	55～57	46～49	3.11±0.17[a]	3.82±0.13[a]	181～219+153～224
鲥	眼睛后方没有斑点	臀鳍鳍条较长且仅基部被鳞片覆盖	37～39	40～47	3.14±0.10[a]	3.87±0.22[a]	95～131+170～175

注：不同上标字母代表有显著性差异。

图2-14　三种鲥鱼的形态学特征比较

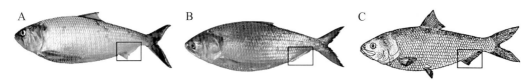

图2-15　美洲西鲱（A）、孟加拉鲥（B）和鲥（C）(矩形方框示臀鳍部位)

【扩散途径】养殖逃逸，我国部分天然水体有发现。

【分布情况】自然分布于北美洲大西洋西岸，从加拿大魁北克省至美国佛罗里达州的河流和海洋中。

【养殖概况】自2001年引进我国以来，已在全国12个省份形成了一定的养殖规模，目前养殖产业尚处于初步发展阶段，有关美洲西鲱繁殖、育苗以及养殖生物技术和工程技术方面的研究尚未系统化。养殖的模式主要有3种，即温室养殖、网箱养殖和池塘养殖。养殖区域主要为江苏、浙江、上海、广东等地，近年来，美洲西鲱网箱养殖在安徽、湖北、四川等地也有较快的发展。

【栖息环境】广温性洄游鱼类，抗寒能力强，生活在海洋中，繁殖季节洄游至底质为泥沙或沙石的淡水浅水水体产卵。生长适宜温度为20～26℃，而生存适宜温度为8～32℃，当水温低于4℃时容易冻伤，患水霉病死亡，水温高于32℃时停止摄食。美洲西鲱在早春（3—4月）溯河洄游到河流产卵，最适产卵温度为15～18℃；秋季幼鱼开始降河洄游到海边，并沿海岸线向北迁移到北美深海湾越冬。

【生物学特征】最小性成熟年龄为2龄。最大个体体重可达6.8kg，体长达76cm。年龄达11龄，主要摄食浮游生物、小型甲壳类和小鱼等，生殖洄游期间不摄食。

【可能存在的风险】贾艳菊等人的研究结果表明，尽管鲥鱼是在海水中进行繁殖的洄游性鱼类，但在生长环境适宜的淡水条件下同样可以正常生长，并达到性成熟和繁育后代，有可能在适宜的淡水水体中形成自我维持的种群。结合实验结果和美国西鲱的其他生物学特性，认为美国西鲱在我国天然水体生态系统中具有潜在的入侵性。

【防控建议】在没有经过农业、环保等相关管理部门的审批同意下，不得擅自在自然水体中养殖；采用设施养殖，必须做好逃逸防范和监测工作；养殖中的病体、死体、试验样品须依法销毁。

（罗刚 全国水产技术推广总站、中国水产学会）

三　鳗鲡目

1. 欧洲鳗鲡 | *Anguilla anguilla*（Linnaeus，1758）

【英文名】European eel。

【俗　名】欧鳗。

【分类检索信息】鳗鲡目 Anguilliformes，鳗鲡科 Anguillidae，鳗鲡属 *Anguilla*。

【主要形态特征】下颌比上颌长，身体圆细，体长多为60～80cm，极少个体长达140cm。鳃孔在圆形的胸鳍前。幼鱼背部体色为橄榄色或灰褐色，腹部为银色或银黄色；成鱼的背部为黑灰绿色，腹部为银色。背鳍、臀鳍较发达，与尾鳍相连续，形成一个独特的鳍，从肛门到背部中央最少有500根软鳍条（图2-16）。

图2-16　欧洲鳗鲡

【与相近种的比较鉴别】鳗鲡的背鳍与臀鳍前端基部之间的距离占全长比例是其分类依据之一。比例在7%～17%的称为长鳍型，比例在0.2%～5%的称为短鳍型。欧洲鳗鲡、日本鳗鲡、美洲鳗鲡均为长鳍型，澳洲鳗鲡为短鳍型。背鳍起点与臀鳍起点水平距离间脊椎骨数是欧洲鳗鲡、日本鳗鲡、美洲鳗鲡、澳洲鳗鲡、花鳗鲡的具体区别特征之一（图2-17、图2-18、表2-4）。尽管欧洲鳗鲡、日本鳗鲡、美洲鳗鲡在骨骼上差别很大，但是日常鉴别并不能以此为依据，所以更为方便的鉴别方法是看鳗鲡的头，日本鳗鲡的头最为尖锐，眼睛相对较小；欧洲鳗鲡的头相对短，眼睛最大；美洲鳗鲡的头最为圆钝，眼睛虽然也很小，但是有点凸出来。此外，四种鳗鲡的体色也有差别，但是一般较难用于区分鉴定，因为鳗鲡在一生中体色会发生变化。其他区别特征见表2-4。

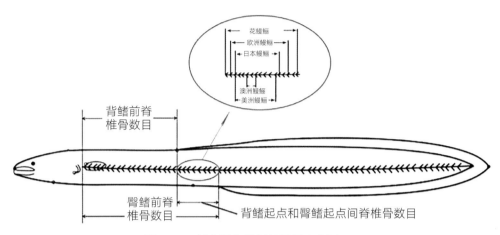

图2-17 鳗鲡属鱼类框架测量示意图

表2-4 鳗鲡属鱼类主要区别

种类	分布水域	鳍型	总脊椎骨数	背鳍起点与臀鳍起点水平距离间脊椎骨数	鳗苗汛期	鳗苗外部特征	成鳗体特征	躯干占体长	背鳍与臀鳍前端基部长占全长的比例
日本鳗鲡	太平洋北部温带区	长鳍型	112~120	10.2±1.30^c	10月至翌年5月	尾柄上无黑素细胞,眼小,头尖	背部为暗灰色或灰黑色,腹部为白色,无斑点	26.90%	7.0%~17.0%
欧洲鳗鲡	大西洋东部	长鳍型	110~119	14.2±1.17^b	12月至翌年6月	尾柄上有黑素细胞,眼大,吻短,背脊上有一条红色细线	背部为银灰色,腹部为近白色,无斑纹	30.1%~30.2%	11.20%
美洲鳗鲡	大西洋西部	长鳍型	103~111	9.5±0.55^c	1—6月	体形较短小,眼小,略显突出	背部呈灰色,腹部为白色,无斑纹	30.1%~30.2%	9.10%
澳洲鳗鲡	太平洋中部热带地区	短鳍型	107~110	2.7±0.52^d	6月至翌年4月	体形较小,头部稍钝,尾部有点状黑斑	背部为暗褐色,腹部为近白色,无斑纹	—	2.60%
花鳗鲡	太平洋、印度洋	长鳍型	100~110	16.9±0.69^a	2—11月	尾部稍侧扁,头粗圆,眼小,口大,口裂深过眼后缘	背部密布黄绿色斑块和斑点,腹部为乳白色	—	16.30%

注:不同上标字母代表有显著性差异。

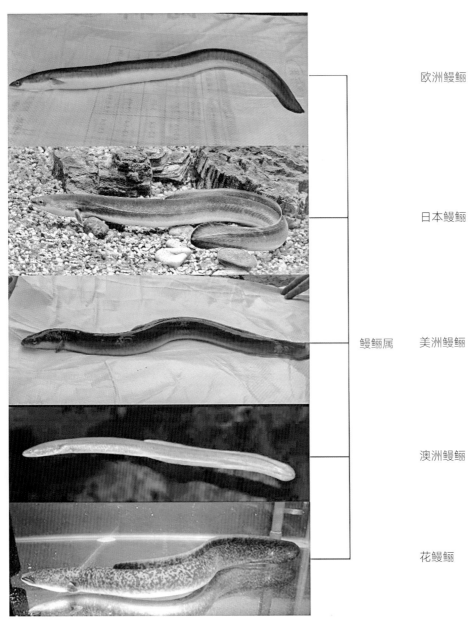

欧洲鳗鲡

日本鳗鲡

鳗鲡属　美洲鳗鲡

澳洲鳗鲡

花鳗鲡

图2-18　几种常见鳗鲡的形态学特征比较

【引种来源】我国在1991年首次引进欧洲鳗鲡苗开始试养，东南沿海大部分地区有养殖。

【扩散途径】养殖逃逸。

【分布情况】原产于大西洋，包括地中海、波罗的海、北非摩洛哥、斯堪的纳维亚半岛等海域。

【养殖概况】我国鳗鲡养殖业的重要品种，目前主要养殖方式为土池养殖、精养池养殖及网箱养殖，部分企业开始采用工厂化循环水养殖。2007年被濒危野生动植物种国际贸易公约（CITES中文简称：华盛顿公约）列入附录Ⅱ。

【栖息环境】栖息于河川、河口、潟湖，喜欢弱光，喜钻洞潜居，对环境的适应能力差，对水质要求特别严格。降河洄游性鱼类，冬季和春末洄游至马尾藻海产卵，柳叶鳗向欧洲大陆迁移，在大陆沿岸和河口变为玻璃鳗，之后进入淡水生活。

【生物学特征】水温适应范围为1~38℃，最适生长温度为22~26℃。消化吸收能力比较弱，摄食量一次很少，摄食速度较慢，对蛋白质的质量标准要求较高，是以虾、蟹、贝为生的肉食者。体长一般为60~80cm，最大者可达140cm。

【可能存在的风险】一是挤占生态位，与本地土著种（包括自然资源逐步衰竭的日本鳗鲡、国家二级保护动物花鳗鲡）竞争生活空间及饵料资源等。二是理论上可能造成遗传侵蚀，导致我国日本鳗鲡和花鳗鲡的基因污染。但由于繁殖场所不一致，实际上杂交可能性很低。

【防控建议】没有经过农业、环保等相关管理部门的审批同意，不得擅自在自然水体中养殖；采用设施养殖，必须做好逃逸防范和监测工作；养殖中的病体、死体、试验样品须依法销毁。

（罗刚　全国水产技术推广总站、中国水产学会）

2. 美洲鳗鲡 | *Anguilla rostrata*

【英文名】American eel。

【俗　名】美洲鳗。

【分类检索信息】鳗鲡目 Anguilliformes，鳗鲡科 Anguillidae，鳗鲡属 *Anguilla*。

【主要形态特征】体型较小，呈蛇形，头部细小尖锐，鳗苗体型较小，外形与日本鳗鲡相似，眼较小但明显突出，牙齿锐利无腹鳍，成鳗体形短胖、吻短，眼间距较大，体呈灰色，皮较厚，肌肉偏紧，脊椎骨103~110（图2-19）。与欧洲鳗鲡、日本鳗鲡、澳洲鳗鲡的区别见欧洲鳗鲡介绍。

【引种来源】1994年国内正式引进美洲鳗鲡，早期苗种来源于美国佛罗里达州，后期苗种来源于加拿大。

【扩散途径】养殖逃逸。

图2-19　美洲鳗鲡

【分布情况】分布于西大西洋，包括拉布拉多半岛、美国、巴拿马、西印度群岛、加勒比海等海域。

【养殖概况】目前的主要养殖方式为土池养殖和水泥精养池养殖。江苏、浙江、福建、广东等沿海省份均有养殖。

【栖息环境】营底栖生活，对环境的适应能力强，适宜温度在18～28℃，广盐性，喜淡水，好晚间猎食，日间则在泥土、沙或沙砾中隐藏。

【生物学特征】在淡水中生活到性成熟后降河生殖，雌、雄美洲鳗鲡的生活史和分布略有差异，雌鳗广泛分布在河口和淡水区域，雄鳗一般只栖息在河口区域。雌鳗体长超过45cm才会性成熟，在咸水区域产卵后的9～10周内，卵孵化出仔鱼。雄鳗成熟个体很少超过45cm。幼年鳗孵出后进入淡水流域长成。食性较广，食用死鱼、无脊椎动物、腐尸、昆虫，在非常饥饿的情况下会进食同科的物种。

【可能存在的风险】一是挤占生态位，由于美洲鳗鲡对水质要求不高，与本地土著种（包括自然资源逐步衰竭的日本鳗鲡、国家二级保护动物花鳗鲡）竞争生活空间及饵料资源等能力比欧洲鳗鲡更强，造成竞争压力更大。二是理论上可能造成遗传侵蚀，导致我国日本鳗鲡和花鳗鲡的基因污染。但由于繁殖场所不一致，实际上杂交可能性很低。

【防控建议】没有经过农业、环保等相关管理部门的审批同意，不得擅自在自然水体中养殖；采用设施养殖，必须做好逃逸防范和监测工作；对养殖中的病体、死体、试验样品须依法销毁。

（罗刚　全国水产技术推广总站、中国水产学会）

3. 澳洲鳗鲡 | *Anguilla australis*

【英文名】short-finned eel。

【俗　名】黑鳗、短鳍鳗。

【分类检索信息】鳗鲡目Anguilliformes，鳗鲡科Anguillidae，鳗鲡属*Anguilla*。

【主要形态特征】体形呈蛇状，头小，口裂可达眼睛下方。体色因个体而异，橄榄绿为典型体色，但有些体色较淡，呈金色或淡黄色，腹部呈灰色，部分银色。成鱼体长可达90cm，脊椎骨数109～116。背鳍起点位于臀鳍起点附近的相对位置，为短鳍型（图2-20）。背鳍起点前脊椎骨平均数为38.5±1.23，显著高于欧洲鳗鲡、日本鳗鲡、美洲鳗鲡。与欧洲鳗鲡、日本鳗鲡、美洲鳗鲡的区别见欧洲鳗鲡介绍。

图2-20　澳洲鳗鲡

【引种来源】2005年从澳大利亚引入。

【扩散途径】养殖逃逸。

【分布情况】分布在太平洋东南部、澳大利亚和新西兰东部海域。

【养殖概况】养殖主要分布在江苏、浙江、福建、广东等省。

【栖息环境】在淡水中生活在溪流、湖泊和沼泽中，喜欢流速较小或水流静止的水体。

【生物学特征】肉食性鱼类，以甲壳类、鱼类、两栖类、小型鸟类为食。雌性澳洲鳗鲡在15～30龄有典型的再生长，最大可长达1.1m、重达3kg；雄鱼生长较慢，成年个体略小于雌性。达到性成熟后，就会停止摄食，开始降河洄游，在海水中完成产卵，其幼体随洋流漂流到沿海水域，并在这里长成为幼鳗后继续溯河洄游，最终在湖泊、沼泽、水库或江河里找到栖息地。

【可能存在的风险】一是挤占生态位，与本地土著种（包括自然资源逐步衰竭的日本鳗鲡、国家二级保护动物花鳗鲡）竞争生活空间及饵料资源等。二是理论上可能造成遗传侵蚀，导致我国日本鳗鲡和花鳗鲡的基因污染。但由于繁殖场所不一致，实际上杂交可能性很低。

【防控建议】没有经过农业、环保等相关管理部门的审批同意，不得擅自在自然水体中养殖；采用设施养殖，必须做好逃逸防范和监测工作；对养殖中的病体、死体、试验样品须依法销毁。

（罗刚　全国水产技术推广总站、中国水产学会）

 **四　鲤形目**

1. 丁鲹 | *Tinca tinca*

【英文名】tench。

【俗　名】欧洲丁鲹、须鲹。

【分类检索信息】鲤形目 Cypriniformes，鲤科 Cyprinidae，丁鲹属*Tinca*。

【主要形态特征】绿、黄、蓝、白是丁鲹常见的体色，根据体色可分为绿丁鲹、黄丁鲹、蓝丁鲹、白丁鲹。身体略呈圆筒形，墨绿色头部，较小，头与身体连接处有明显微凹。绿丁鲹体呈黄绿色，表面有光泽，侧线上部颜色较深。白丁鲹体呈银白色，侧线磷和背部鳍条上有灰色斑点。黄丁鲹体呈金黄色，背部侧线磷和鳍条斑点颜色较深，在显微镜下可观察到身体上有长椭圆形、极薄且小的鳞片。

鳞沟一般较浅，不明显，鳞嵴致密平坦。侧线位于身体中部，平直完整，侧线鳞101～109，侧线上鳞26～28，侧线下鳞22。口端位，略倾斜向上，吻部唇须极短，1对，口裂小，无颌齿。眼直径较小，鼻孔1对，由瓣膜分开，瓣膜向前覆盖，遮住前鼻孔，仅露出后鼻孔，这与鲤、鲫等相反（图2-21、图2-22、表2-5）。各鳍没有硬棘，背鳍和臀鳍长方形，胸鳍和腹鳍扇形，尾鳍平截形或凹形。

【引种来源】湖北省水产科学研究所、武汉亚太渔业公司等1998年从捷克引进，繁殖技术攻破后，在我国成功养殖。

图2-21　丁鲅成体

表2-5　丁鲅、鲤和鲫形态特征比较

种类	体色	吻须和颔须	硬棘
丁鲅	绿、黄、蓝、白	无	各鳍均无
鲤	侧线下方近青黄色（有的是黑色），腹面为白色	2对	各鳍均有
鲫	背面是青褐色，腹面为银灰色	无	各鳍均有

【扩散途径】一是养殖或运输逃逸：养殖过程中管理不善导致的逃逸；洪涝灾害等造成的逃逸；养殖过程中供水排水时随水流的逃逸；运输过程中的逃逸等。二是养殖丢弃：养殖效益不好时的丢弃，养殖清塘排水时部分小鱼的随意丢弃。

【分布情况】原产于欧洲的捷克、匈牙利、西班牙，在这些水域的各大内陆河流、湖泊多见。适应性强，分布范围逐渐扩展到中亚和西伯利亚，在中国只见于新疆额尔齐斯河和乌伦古河流域。由于有较好的经济价值和观赏价值，在广东、湖北、浙江、江苏、四川等地均有养殖。

【养殖概况】该鱼已在我国多地推广养殖，华南、华中和西北地区具有一定的养殖分布。养殖方式有池塘养殖、湖泊网箱养殖和高密度工厂化养殖。

【栖息环境】底栖淡水鱼类，生态位与鲤相似，水草旺盛的水域是其主要活动区，喜弱光，有集群性，适宜生长的温度为0.5～38℃，性情温和，可自然越冬；适宜pH为7～9；耐低氧，其溶解氧需求仅为鲤的83%。

丁鳜

鲤

鲫

图2-22　丁鳜、鲤和鲫形态比较

【生物学特征】野生状态下生长较慢，2龄体重187g，3龄体重296g，在天然水域中，最大个体重约7.5kg。人工养殖生长速度较快，当年可达50～80g，次年可达300～500g。在我国华中地区，丁鳄雄鱼1～2年性成熟，而雌鱼性成熟年龄为2～3龄，依水温及养殖情况而异。繁殖期为5—7月，产卵水温为20～26℃，分批产卵。多次性产卵鱼类，卵呈绿色，有黏性。多于夏季产卵，最多可达30万粒。在一个生殖季节通常每条雌鱼可产卵3～4次，在水温适宜的条件下，甚至可以达到5～8次，两批产卵之间的时间间隔为15～22d。大于1kg体重的雌鱼的相对怀卵量通常为$200×10^3～400×10^3$粒/kg，而体重低于0.5kg的雌丁鳄的相对怀卵量不会超过$200×10^3$粒/kg。杂食性，食性比鲤更复杂，食谱范围覆盖了池塘中能得到的所有食物种类，经驯化能较好地摄食人工配合饵料，易于养殖。

【可能存在的风险】一是挤占生态位，与本地土著种竞争生活空间及饵料资源等，危害水生生物资源，降低生物多样性，对生态系统功能造成影响。二是直接捕食其他鱼类，有可能消灭其他土著物种。

【防控建议】一是开展自然水域中丁鳄的危害评估，加强宣传教育，提高对丁鳄的认识，减少人为放生。二是提高防控意识，加大对丁鳄养殖的管理，减少养殖逃逸和养殖丢弃的行为。三是开展针对性的控制实践，对危害农业生产或严重影响水域生态环境的丁鳄开展定点防控。

（董志国 江苏海洋大学）

2. 卡特拉鲃 | *Catla catla*

【英文名】catla。

【俗　名】厚唇鲃、喀拉鲃。

【分类检索信息】鲤形目 Cypriniformes，鲤科 Cyprinidae，卡拉鲃属 *Catla*。

【主要形态特征】体略呈三角形，粗短，体高较高，背厚，尾柄稍细。头大，口大上位。两眼间距较宽，眼大。尾鳍分叉较深。背侧上部鳞片为灰色，两侧为灰白色，腹部为白色。无腹棱，鳞片中等大，各鳍无硬棘。侧线完全，齿面扁平且具有细纹（图2-23、图2-24）。

【引种来源】1983年7月首先从孟加拉国引进，1991年在我国人工繁殖成功并逐渐推广养殖。

【养殖概况】在我国广东、广西、海南和台湾等南方地区，养殖产量较大；北方地区也有养殖，但养殖面积和产量均较小。

图2-23　卡特拉鲃成体

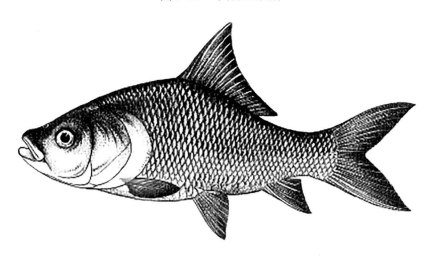

图2-24　卡特拉鲃成体（模式图）

【与相近种的比较鉴别】见表2-6和图2-25。

表2-6　卡特拉鲃、银高体鲃、细须鲃和大鳞鲃形态特征比较

种类	体形	背鳍鳍条数量	口位
卡特拉鲃	略呈三角形	14~16	上位
银高体鲃	长形	8	端位
细须鲃	长锥形	9	端位
大鳞鲃	梭形，修长	19~27	亚下位

卡特拉鲃   银刺鲃

细须鲃   大鳞鲃

图2-25　卡特拉鲃、银刺鲃、细须鲃和大鳞鲃形态比较

【扩散途径】一是养殖或运输逃逸：养殖过程中管理不善导致的逃逸；洪涝灾害等造成的逃逸；养殖过程中供水、排水时养殖种随水流的逃逸；运输过程中的逃逸等。二是养殖丢弃：养殖效益不好时的丢弃，养殖清塘排水时部分小鱼的随意丢弃。

【分布情况】原产于南亚恒河流域，广泛分布于孟加拉国、缅甸、泰国、巴基斯坦。据2010年调查数据，我国长江下游流域有该鱼分布。

【栖息环境】淡水鱼，生活于水体中上层，生存适温10～32℃，最适生长水温22～30℃，抗寒能力弱，温度低于8℃时开始死亡。

【生物学特征】3龄前是生长旺盛期，卡特拉鲃的体长生长速度随年龄增大而递减。头长、尾柄长、体高和体宽的增长速度都相对慢于体长。鳃耙数随年龄增长而渐增，鳃耙间彼此分离，有一定间隙。卡特拉鲃在南亚次大陆地区的性成熟年龄在2～3龄，4—6月产卵繁殖，属一年产卵一次类型。杂食性鱼类，体长小于20mm的个体主要摄食小型浮游动物，主要是轮虫、少量桡足类。成鱼主要摄食浮游动物，兼食浮游植物，如硅藻和绿藻。

【可能存在的风险】一是与本地土著种（如鲢、鳙等）竞争生活空间及饵料资源等，挤占本土物种的生态位，影响本土鱼类的生存。二是直接捕食小型鱼类或其幼鱼及消灭其他土著物种，影响本土鱼类的生存和种群的延续。三是生长快，食性大，改变水体中浮游动物和浮游植物的种类组成和数量，导致水体影响水域生态环境。

【防控建议】一是开展自然水域中卡特拉鲃的危害评估，加强宣传教育，提高对卡特拉鲃的认识，减少人为放生。二是提高防控意识，加大对卡特拉鲃养殖的管理，减少养殖逃逸和养殖丢弃的行为。三是开展针对性的控制实践，对危害农业生产或严重影响水域生态环境的卡特拉鲃开展定点防控。

（董志国　江苏海洋大学）

3. 细须鲃 ｜ *Leptobarbus hoevenii*

【英文名】Hoven's carp。

【俗　名】苏丹鱼、黄帝鱼。

【分类检索信息】鲤形目 Cypriniformes，鲤科 Cyprinidae，细须鲃属 *Leptobarbus*。

【主要形态特征】身狭长，呈珍珠白色，鳞片大而紧致。背部鳞片呈浅金黄色，腹部鳞片雪白，鳍条偶带少许金黄色，印度尼西亚种鱼的尾部则带红色。幼鱼体侧有黑色纵向条纹。背鳍鳍条9，臀鳍鳍条8。外观须2对。下咽齿3行。全长40cm，最大体长可达100cm。上颌须与口角须等长。腹鳍基部上方具一长腋鳞（图2-26、图2-27）。

图2-26　细须鲃幼体

图2-27　细须鲃成体

【引种来源】我国最早是1988年从泰国引进该鱼。浙江省淡水水产研究所于2001年引进此鱼鱼种，2004年在浙江南太湖淡水水产种业有限公司首次人工繁殖成功。2010年，佛山标记鱼苗场负责人伍剑标从马来西亚引进了3 000尾亲本尝试繁育，并于2015年10月第一次孵化成功，后育成3 400尾规格为5cm的细须鲃。

【扩散途径】一是养殖或运输逃逸，包括养殖过程中管理不善导致的逃逸；洪涝灾害等造成的逃逸；养殖过程中供水排水时养殖种随水流的逃逸；运输过程中的逃逸等。二是养殖丢弃，养殖效益不好时的丢弃，养殖清塘排水时部分小鱼的随意丢弃。

【分布情况】原产于婆罗洲和苏门答腊岛的河流中，老挝和泰国也有分布。我国台湾养殖较广泛，其次在广东、浙江等地也有养殖。

【养殖概况】主要在我国台湾养殖，在浙江也有养殖。池塘养殖为主，可与罗非鱼、鳗混养，由于跳跃能力较强，养殖逃逸是扩散的重要原因。

【栖息环境】天然水域以及人工池塘中均可以生活，生长适宜温度为12~30℃，最佳pH为6~7.2。栖息环境溶解氧不得低于4mg/L。

【生物学特征】淡水鱼类，可以与罗非鱼、鳗及一般淡水鱼混养，在水质良好、饲养管理合适的条件下，5cm的鱼苗养4个月左右规格就可达到0.5kg/尾，一年可增重1kg以上，最重可达10kg。繁殖季节在4—10月，每尾雌鱼产卵10万~150万粒。杂食性鱼类，投喂普通鲤科鱼料就可以满足其生长，易饲养。

【可能存在的风险】一是与本地土著种竞争生活空间及饵料资源等，挤占本土物种的生态位。二是直接捕食其他鱼类，有可能消灭其他土著物种。三是通过大量摄食，改变水体中浮游动物和浮游植物的种类组成和数量，导致水体影响水域生态环境。

【防控建议】一是开展自然水域中细须鲃的危害评估，加强宣传教育，提高对细须鲃的认识，减少人为放生。二是提高防控意识，加大对细须鲃养殖的管理，减少养殖逃逸和养殖丢弃的行为。三是开展针对性的控制实践，对危害农业生产或严重影响水域生态环境的细须鲃开展定点防控。

（董志国　江苏海洋大学）

4. 银高体鲃 | *Barbonymus gonionetus*

【英文名】Java barb。

【俗　名】银刺鲃、爪哇四须鲃。

【分类检索信息】鲤形目 Cypriniformes，鲤科 Cyprinidae，高体鲃属 *Barbonymus*。

【主要形态特征】身体较扁，呈长形，背部呈弓形，头后部下凹。头部较小，吻尖，长度小于眼眶宽度，口端位。触须不发达，细小或完全消失。体色银白或略带淡黄金色。背鳍与尾鳍为灰色到灰黄色，臀鳍与腹鳍为淡橘色，背鳍、尾鳍、臀鳍、腹鳍的顶端为淡红色，胸鳍为灰白色到淡黄色（图2-28、图2-29）。在放大镜下可以看到吻部有小瘤。

图2-28 银高体䰾成体

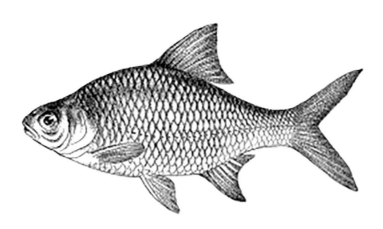

图2-29 银高体䰾成体（模式图）

【引种来源】1986年由华南师范大学从泰国引进。

【扩散途径】一是养殖或运输逃逸，养殖过程中管理不善导致的逃逸；洪涝灾害等造成的逃逸；养殖过程中供水、排水时养殖种随水流的逃逸；运输过程中的逃逸等。二是养殖丢弃：养殖效益不好时的丢弃，养殖清塘排水时部分小鱼的随意丢弃。

【分布情况】原产于马来西亚、印度尼西亚、泰国等地。在我国广东等地有养殖，由于意外逃逸，附近水域也有分布。

【养殖概况】热带鱼类，喜高温，广东地区养殖较多，北方少有养殖。

【栖息环境】热带淡水鱼，生活在江河、溪流、洪泛区的中层到底层水域，水库也时有出现。偏爱静止的水域，适宜温度为22～28℃。

【生物学特征】有洄游习性，但不会长距离洄游，仅仅在雨季从湄公河向上进入支流和小的溪流，雨季过后又回到湄公河。繁殖季节在4—10月，每尾雌鱼产卵10万～150万粒。杂食性，以植物树叶、藻类和无脊椎动物为食。

【可能存在的风险】一是与本地土著种竞争生活空间及饵料资源等，挤占本土物种的生态位。二是直接捕食其他鱼类及其幼鱼或消灭其他土著物种。三是通过大量摄食，改变水体中浮游动物和浮游植物的种类组成和数量，影响水域生态环境。

【防控建议】一是开展自然水域中银高体鲃的危害评估，加强宣传教育，提高对银高体鲃的认识，减少人为放生。二是提高防控意识，加强对银高体鲃养殖的管理，减少养殖逃逸和养殖丢弃的行为。三是开展针对性的控制实践，对危害农业生产或严重影响水域生态环境的银高体鲃开展定点防控。

（董志国 江苏海洋大学）

5. 大鳞鲃 | *Luciobarbus capito*

【英文名】bulatmai barbel。

【俗　名】淡水银鳕鱼、团头鲃。

【分类检索信息】鲤形目 Cypriniformes，鲤科 Cyprinidae，亮鲃属 *Luciobarbus*。

【主要形态特征】体呈梭形，头部较小，体修长。口亚下位，具有吻须和颌须各一对。胸鳍、腹鳍各一对，背鳍、臀鳍各一行，背鳍起点位于腹鳍起点的前端，尾鳍叉型。身体被覆奇特发光的鳞片，侧线清晰、平直。体背部呈银灰色，腹部为白色（图2-30）。

侧线鳞72～73，左侧第一鳃弓鳃耙20～28。体长为体高的5.00～5.57倍，为头长的4.50～5.53倍，为尾柄长的4.69～6.15倍，为尾柄高的9.47～10.81倍；头长为吻长的3.14～3.38倍，为眼径的4.64～5.75倍，为眼间距的2.43～2.82倍。

【引种来源】2003年，中国水产科学院黑龙江水产研究所首次从乌兹别克斯坦引入我国。2008年由江苏省农业科学院宿迁农业科学研究所引入苏北地区，在淡水池塘中养殖。

图2-30　大鳞鲃成体

【扩散途径】一是养殖或运输逃逸：包括养殖过程中管理不善导致的逃逸；洪涝灾害等造成的逃逸；养殖过程中供水、排水时养殖种随水流的逃逸；运输过程中的逃逸等。二是养殖丢弃：养殖效益不好时的丢弃，养殖清塘排水时部分小鱼的随意丢弃。三是自然扩散，有意引入或在开放自然水域中养殖。

【分布情况】原产于乌兹别克斯坦的阿姆河，是该国名贵的大型经济鱼类，已被列为乌兹别克斯坦珍稀濒危鱼类。主要分布于里海南部和咸海水系。

【养殖概况】是引入我国的新品种，由于耐寒性较强，主要在长江以北地区养殖，达到商品规格一般需要2年，养殖方式多为池塘养殖。

【栖息环境】在人工养殖条件下，栖息在池塘水体的中下层水域，在水温适宜、环境安静无惊扰的情况下，也偶尔上浮水面，集群围池绕游，当其受外界环境惊扰时，便各自急速下沉逃窜。当养殖池水温降到15℃以下时，大都在池塘水体的底层，并在池底最深处集群越冬。大鳞鲃的适应性较强，适温能力强，在1～35℃的水温环境中能生存；抗逆能力强，耐低氧，2龄鱼窒息点溶解氧为0.29～0.58mg/L。

【生物学特征】生长速度较快。当年鱼苗（水花）可长至100～160g，第二年可以长到750g左右。抗病能力强，一般养殖条件下，不易发病，池塘养殖成活率较高。洄游性鱼类，其主要在咸海水域育肥、发育，性成熟时洄游到江河中产卵，野生大鳞鲃性成熟年龄为4～5龄。每年5月底到7月初（40d左右），阿穆河水温达到22～25℃时，大鳞鲃开始产卵，绝对产卵量4万～10万粒，卵粒大，卵为乳白色，漂浮性鱼卵，吸水膨胀后1h直径为4.5～4.8mm。杂食性鱼类，主要以植物碎屑、底栖动物和小鱼虾为食。

【可能存在的风险】已成为我国重要的养殖经济鱼类，目前未发现风险。但是不加管制，进入自然水体有可能造成生态危害。2018年5月有网友在四川乐山城区的河里钓到。其可能存在的风险，一是与本地土著种竞争生活空间及饵料资源等，挤占本土物种的生态位。二是直接捕食土著鱼类或消灭其他土著物种。三是通过大量摄食，改变水体中浮游动物和浮游植物的种类组成和数量，影响水域生态环境。

【防控建议】一是开展自然水域中大鳞鲃的危害评估，加强宣传教育，提高对大鳞鲃的认识，减少人为放生。二是提高防控意识，加强对大鳞鲃养殖的管理，减少养殖逃逸和养殖丢弃的行为。三是开展针对性的控制实践，对危害农业生产或严重影响水域生态环境的大鳞鲃开展定点防控。

（董志国　江苏海洋大学）

6. 麦瑞加拉鲮 | *Cirrhinus mrigala*

【英文名】mrigal carp。

【俗　名】麦鲮、印鲮。

【分类检索信息】鲤形目 Cypriniformes，鲤科 Cyprinidae，鲮属 *Cirrhinus*。

【主要形态特征】体左右对称，侧扁，头部较小。口下位，弧状口裂。吻圆钝，上下唇缘薄，下唇非常不明显，须短，2对。眼中等大小。体上部青灰色，腹部银白色。圆鳞，中等大小。背部通常为深灰色，腹部为银色。背鳍为灰色；胸鳍、腹鳍、臀鳍尖端为橘黄色（尤其在繁殖季节）（图2-31、图2-32）。

图2-31　麦瑞加拉鲮成体（中国水产科学研究院珠江水产研究所顾党恩　供图）

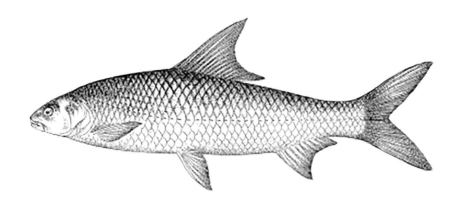

图2-32　麦瑞加拉鲮成体（模式图）

【与相近种的比较鉴别】见表2-7和图2-33。

表2-7　麦瑞加拉鲮、露斯塔野鲮和鲮的形态特征比较

种类	体形	体色	侧线鳞	须
麦瑞加拉鲮	棒形	体上部青灰色，腹部银白色	40～45	2对
露斯塔野鲮	梭形	体为深青绿色，背部色较深，腹部灰白色	41	2对
鲮	体形侧扁而长	体色青白，有光泽，腹部银白，颜色较淡	38～42	1对

麦瑞加拉鲮

露斯塔野鲮

鲮

图2-33　麦瑞加拉鲮、露斯塔野鲮和鲮的形态比较

【引种来源】1982年从印度引进，1985年在国内人工繁殖成功，20世纪90年代开始在广东等地大力推广养殖。

【扩散途径】一是养殖或运输逃逸：养殖过程中管理不善导致的逃逸；洪涝灾害等造成的逃逸；养殖过程中供水、排水时养殖种随水流的逃逸；运输过程中的逃逸等。二是养殖丢弃：养殖效益不好时的丢弃，养殖清塘排水时部分小鱼的随意丢弃。三是自然扩散：在自然水域建立种群后的自我扩散。

【分布情况】原产于印度洋沿岸，老挝、泰国、越南、巴基斯坦、缅甸和尼泊尔等国的主要鱼种。主要分布在我国珠江流域，是广东、广西、海南、福建、云南一带的重要经济鱼种。

【养殖概况】麦瑞加拉鲮是水产养殖中肉食性动物的优质饲料，喜跳跃。目前已成为我国各地池塘混养的品种，特别是广东、广西、海南、福建和云南一带养殖量较大。

【栖息环境】属于亚热带鱼类，不耐低温。水温7℃以下会冻死，15℃左右时停食，临界温度下限为3℃，最适生长温度在20～30℃。

【生物学特征】生长速度比本地鲮快，当年繁殖的鱼苗可长到300g以上。适应能力较强，耐低氧，抗病能力高，通常生活在水体的底层，能在池塘、山塘、江河等多种水体中生活。繁殖能力非常强。繁殖能力随年龄增长而加强，通常每千克体重可产卵10万～15万粒。产卵季节取决于西南部梅雨季节的起始以及持续时间，在印度、孟加拉国和巴基斯坦等国梅雨季节通常为5—9月。麦瑞加拉鲮通常在24～31℃的环境下开始繁殖。麦瑞加拉鲮的胚胎发育速度与露斯塔野鲮基本相同。水温在29～29.5℃时，受精至孵出需13h，鱼苗出膜后3d，卵黄囊基本消失，开始觅食。杂食性，鱼苗阶段主要摄食浮游生物，成鱼阶段主要摄食浮游植物、高等植物、有机碎屑以及麦麸、玉米粉、花生麸等人工饲料。

【可能存在的风险】2011年8月至2012年8月，在珠江流域西江、北江、东江以及韩江、鉴江、潭江等水系发现其自然种群。一是与本地土著种竞争生活空间及饵料资源等，挤占本土物种的生态位。二是直接捕食其他鱼类及其幼鱼或消灭其他土著物种。三是通过大量摄食，改变水体中浮游动物和浮游植物的种类组成和数量，影响水域生态环境。

【防控建议】一是开展自然水域中麦瑞加拉鲮的危害评估，加强宣传教育，提高对露斯塔野鲮的认识，减少人为放生。二是提高防控意识，加大对麦瑞加拉鲮养殖的管理，减少养殖逃逸和养殖丢弃的行为。

（葛红星　江苏海洋大学）

7. 露斯塔野鲮 | *Labeo rohita*

【英文名】rohu。

【俗　名】南亚野鲮、泰国野鲮。

【分类检索信息】鲤形目 Cypriniformes，鲤科 Cyprinidae，野鲮属 *Labeo*。

【主要形态特征】体长而侧扁，呈梭形，腹部平圆，无腹棱。头扁平，吻钝，口下位，须2对。眼小，红色，侧位，近吻端，眼间距较宽。体色为深青绿色，背部色较深，腹部灰白色。鳞片大，多数鳞片有红色半月形斑。各鳍条呈粉红色。背鳍后缘微内凹；无硬棘；起点距吻端显著小于距尾鳍基。臀鳍后缘也内凹，向后几乎伸达尾鳍基。胸鳍约与背鳍最后不分支鳍条等长，向后不伸达腹鳍。腹鳍起点与背鳍第三分支鳍条相对，向后不伸达臀鳍。尾鳍分叉。背鳍IV−12；臀鳍III−5；胸鳍I−15；腹鳍I−8（图2−34、图2−35）。

图2−34　露斯塔野鲮成体（中国水产科学研究院珠江水产研究所顾党恩　供图）

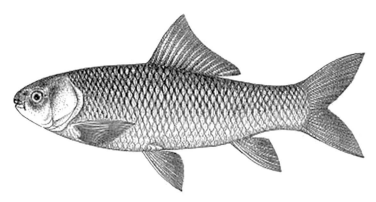

图2−35　露斯塔野鲮成体（模式图）

【引种来源】1978年从泰国引进，1981年在国内人工繁殖成功。

【扩散途径】一是养殖逃逸，由于洪水和养殖期间换水等造成的养殖逃逸。二是人为遗弃，养殖期间发病后人为丢弃。人们购买后未食用的个体被丢弃，偶然进入附近水域。三是有意引入或在自然水域中开放养殖。四是自然扩散。

【分布情况】原产于泰国等东南亚和南亚国家。我国广西、广东养殖最早，现南方地区已普遍养殖。目前我国主要分布于珠江和闽江等水系。

【养殖概况】养殖方式为淡水池塘养殖。目前在我国许多地区均有养殖，广东、广西地区养殖较多，可与草鱼、鲢、鳙混养。

【栖息环境】属底栖暖水性淡水鱼类，跳跃能力较强，喜活水，且常靠岸觅食。不耐寒，在水温低于7℃时开始死亡。

【生物学特征】在水温32℃左右时生长最快，20℃以下生长明显变慢。性成熟年龄为2~3冬龄，以3龄以上的亲鱼性腺发育最好，一年多次产卵类型。怀卵量较大，每千克亲鱼可怀卵20万粒。食性广、杂，是以植物性有机碎屑为主的杂食性鱼类。在鱼苗阶段，主要以浮游动物为食，随着鱼体的长大，逐渐转向以植物性饲料为主，如花生粕、豆饼、米糠、麦粕、玉米粉、木薯粉等。

【可能存在的风险】一是在自然水域中定居的露斯塔野鲮，通过竞争性替代，将本土鱼类从其适宜的栖息地排除，影响本土鱼类的生存和繁殖。二是食量大，生长速度快，在自然水体可能导致其他鱼类的食物来源减少，从而改变水域生态系统的营养关系。

【防控建议】一是开展自然水域中露斯塔野鲮的危害评估，加强宣传教育，提高对露斯塔野鲮的认识，减少人为放生。二是提高防控意识，加大对露斯塔野鲮养殖的管理，减少养殖逃逸和养殖丢弃的行为。

（葛红星 江苏海洋大学）

8. 德国镜鲤 | *Cyprinus carpio* L.*mirror*

【英文名】German mirror carp。

【俗　名】镜鲤、框鲤。

【分类检索信息】鲤形目 Cypriniformes，鲤科 Cyprinidae，鲤属 *Cyprinus*。

【主要形态特征】身体较粗，侧扁。后背部隆起，头较小，眼大。口亚下位，呈马蹄形，下颌被上颌包裹，吻圆钝，口须2对。体表鳞片较大，沿边缘排列，背鳍前端至头部有1行完整的鳞片，背鳍两侧各有1行相对称的连续完整鳞片，各鳍基部均有鳞。侧线较平直、不分支。体色因环境有所差异，通常为青褐色，背部棕褐色，体侧和腹部浅黄色。咽齿呈多样性，齿式数量不等。鳃耙短小，三角形，适中排列，数量为19～30。背鳍鳍条17～21，第一硬棘起于体背最高处，与腹鳍基相对，最后一硬棘后缘呈锯齿状。臀鳍鳍条5，后端达尾鳍基部。胸鳍鳍条8～9，末端尖。尾鳍叉型，鳍条20～24（图2-36）。

图2-36　德国镜鲤成体

【与相近种的比较鉴别】见表2-8和图2-37。

表2-8　德国镜鲤、散鳞镜鲤、乌克兰鳞鲤和鲤的形态特征比较

种类	侧线鳞	鳃耙	背鳍鳍条
德国镜鲤	无	19～30	17～21
散鳞镜鲤	有	20～24，多数为22	16～22
乌克兰鳞鲤	有	22～24	16～19
鲤	有	鳃耙15～22，多数为18～21	15～22

【引种来源】1984年7月德国政府赠送给我国农牧渔业部夏花1万尾，其中2 000尾在辽宁省淡水水产科学院试验场进行养殖。目前我国德国镜鲤养殖群体基本是1984年引进德国镜鲤的后代。经过中国水产科学研究院黑龙江水产研究所20多年的系统选育，已选育出适于我国大部分地区养殖的德国镜鲤选育系。

【扩散途径】一是养殖逃逸：由于洪水和养殖期间换水等造成的养殖逃逸。二是人为遗弃：养殖期间发病后人为丢弃；人们购买后未食用的个体被丢弃，偶然进入附近水域。三是人为放生：被作为放生对象释放到河流湖泊中。2016年5月，甘肃省敦煌市月牙泉内发现了该鱼。四是自然扩散。

德国镜鲤   散鳞镜鲤

乌克兰鳞鲤   鲤

图2-37 德国镜鲤、散鳞镜鲤、乌克兰鳞鲤和鲤形态比较

【分布情况】原产于德国巴伐利亚州。

【养殖概况】池塘养殖，可与鲢、鳙混养。20世纪80年代中期开始在我国东北地区养殖，后养殖规模逐步扩大，并逐渐推广到南方江浙一带。我国大部分地区已推广养殖，以辽宁、黑龙江、内蒙古、新疆等省（自治区）为主。

【栖息环境】适应能力强，较耐寒，可以在1～3℃的水体中安全度过150d左右的越冬期。生长水温为15～30℃，最适生长水温为23～29℃。不喜欢过肥的水质，要求水中溶解氧6mg/L以上，pH为7～8。

【生物学特征】具有生长快的特点，其生长速度比普通鲤快20%～30%。水温在23～29℃时，生长最快。若水温再升高，生长速度反而下降。水温低至14℃，摄食量减少，4～6℃时停止摄食。生长速度与溶解氧有密切关系，水中溶解氧在7～9mg/L时，对饲料的需要量最大，生长最快。如溶氧量下降，摄食量也随之减少。性成熟年龄雄鱼为2～3龄，雌鱼为3～4龄；繁殖水温17～25℃，最适水温19～22℃；卵黏性。杂食性，幼鱼以食浮游植物为主，主要是绿藻和硅藻。所食浮游动物只限于晶囊轮虫、臂尾轮虫、剑水蚤、秀体溞，亦食豆浆等人工饲料。

【可能存在的风险】一是在自然水域中定居的德国镜鲤，通过竞争性替代，将本土鱼类从其适宜的栖息地排除，影响本土鱼类的生存和繁殖。二是食量大，在自然水体中通过大量捕食藻类和浮游动物，导致其他鱼类的食物来源减少，从而改变水域生态系统的营养关系，另外浮游生物和藻类数量的减少也会导致水域生态系统结构和功能的改变。三是在自然水域中，捕食本土鱼类的卵和幼鱼，影响本土鱼类的生存和种群的延续。

【防控建议】一是开展自然水域中德国镜鲤的危害评估，加强宣传教育，提高对德国镜鲤的认识，禁止人为放生。二是提高防控意识，加强对德国镜鲤养殖的管理，减少养殖逃逸和养殖丢弃的行为。

（葛红星　江苏海洋大学）

9. 散鳞镜鲤 | *Cyprinus carpio* var. *specularis*

【英文名】shattered mirror carp。

【俗　名】镜鲤。

【分类检索信息】鲤形目 Cypriniformes，鲤科 Cyprinidae，鲤属 *Cyprinus*。

【主要形态特征】散鳞镜鲤是欧洲鲤鱼的变种，属于鲤鱼的一种。体侧扁，纺锤形，背部稍隆起，头较小，眼大。吻钝，口亚下位，略呈马蹄形。由头部至尾鳍有一行背鳞，沿侧线分散排列大小不规则的鳞片，在胸鳍、腹鳍、臀鳍基部分散有较细小的鳞片，体侧其他部位裸露。鳃耙短小，左侧第一鳃弓鳃耙数20～24，多数为22。颌须2对，口须较长，为颌须长的2倍左右。咽齿数量减少，下咽齿3行。齿式为1·1·3/3·1·1。鳔分两室，前室较后室大，长度约为后室的1.5倍。背鳍鳍条16～22。尾鳍叉型，下叶呈浅橘红色（图2-38）。

【引种来源】1958年由水产部从苏联引进，目前已在我国选育出新品种，品种登记号：GS-03-010—1996。

【扩散途径】一是养殖逃逸：由于洪水和养殖期间换水等造成的养殖逃逸。二是人为遗弃：养殖期间发病后人为丢弃；人们购买后未食用的个体被丢弃，偶然进入附近水域。三是社会放生：由于兼具观赏价值，也有部分个体被认为故意释放到水中。四是自然扩散：黄河以北自然水域有分布。

【分布情况】原产于乌克兰。

图2-38　散鳞镜鲤成体

【养殖概况】全国各地均有养殖，可池塘养殖，可循环水养殖。具有观赏价值，可用于水族箱造景。由于兼具有经济价值和观赏价值，全国大部分地区均有分布，黑龙江地区水域分布较多。

【栖息环境】对环境的适应力强，较耐低氧，可适应于多种水体生活。耐寒能力较强，可在1～3℃的水体中安全度过150d左右的越冬期，生长水温最低为15℃，最高为30℃，最适生长水温为20～25℃。

【生物学特征】抗逆性强、生长速度快，在黑龙江地区（生产期120d）当年可育成规格达150g的鱼种，2龄商品鱼规格可达1kg以上。饲养成活率达98%左右，越冬成熟率达96%。在养殖密度与其他鲤鱼的养殖密度相同的条件下，散鳞镜鲤的生长速度超过其他鲤鱼的生长速度。雌鱼2～4龄达到性成熟，雄鱼1～3龄可达到性成熟，性腺一般一年成熟一次，分批产卵。杂食性，主要以底栖动物为食。

【可能存在的风险】一是在自然水域中定居的散鳞镜鲤，通过竞争性替代，将本土鱼类从其适宜的栖息地排除，影响本土鱼类的生存和繁殖。二是食量大，在自然水体中通过大量捕食藻类和浮游动物，导致其他鱼类的食物来源减少，从而改变水域生态系统的营养关系，另外浮游动物和藻类数量的减少也会导致水域生态系统结构和功能的改变。三是在自然水域中，捕食本土鱼类的卵和幼鱼，影响本土鱼类的生存和种群的延续。

【防控建议】一是开展自然水域中散鳞镜鲤的危害评估，加强宣传教育，提高对散鳞镜鲤的认识，减少人为放生。二是提高防控意识，加强对散鳞镜鲤养殖的管理，减少养殖逃逸和养殖丢弃的行为。

（葛红星 江苏海洋大学）

10. 乌克兰鳞鲤 | *Cyprinus carpio*

【英文名】Ukraine scale carp。

【俗 名】俄罗斯鲤。

【分类检索信息】鲤形目 Cypriniformes，鲤科 Cyprinidae，鲤属 *Cyprinus*。

【主要形态特征】体呈纺锤形，体稍高，侧扁。头适中，后部隆起。口亚下位，马蹄形，下颌被上颌包裹。吻圆钝，能伸缩，须2对。体被密实的细小鳞片，体色鲜艳，背部青灰，两侧微黄，腹部银白，臀鳍杏黄色，尾鳍基部灰蓝，自端部起橘红色。背鳍、臀鳍具硬棘，背鳍Ⅳ−16～19，臀鳍Ⅲ−5，尾鳍叉型。侧线完全，侧线鳞35～37。鳃耙22～24，下咽齿3行，齿式1·1·3／3·1·1。体长与体高比值为2.4～2.8，体长与体厚比值为4.95±0.35，体长与头长比值为2.73～3.13，尾柄长与尾柄高比值为0.95±0.09（图2−39）。

图2−39 乌克兰鳞鲤成体

【与相近种的比较鉴别】见表2−9和图2−40。

表2-9　乌克兰鳞鲤与黑龙江野鲤的形态特征比较

种类	体色	体长与体高比值	尾柄长与尾柄高比值	侧线鳞
乌克兰鳞鲤	体色鲜艳，背部青灰，两侧微黄，腹部银白，臀鳍杏黄色，尾鳍基部灰蓝，自端部起橘红色	2.4～2.8	0.95±0.09	35～37
黑龙江野鲤	体色随栖息环境不同而有所变化，通常背部灰黑色，体侧金黄色，腹部白色	2.6～3.2	1.3±0.2	36～40

乌克兰鳞鲤

黑龙江野鲤

图2-40　乌克兰鳞鲤与黑龙江野鲤的形态比较

【引种来源】1958年从苏联引进，分养于江苏省平望养殖场和中国水产科学研究院黑龙江水产研究所松浦试验场。

【扩散途径】一是养殖逃逸：由于洪水和养殖期间换水等造成的养殖逃逸。二是人为遗弃：养殖期间发病后人为丢弃；人们购买后未食用的个体被丢弃，偶然进入附近水域。

【分布情况】原产于苏联。由加里兹镜鲤与黑龙江野鲤杂交，经6代定向选育而成。

【养殖概况】池塘养殖，目前已经在我国多个地区养殖，在东北地区养殖较多，广大养殖户反映，该鱼种生长迅速，可与鲢、鳙、鲫混养。目前我国主要分布于东北地区，天津、河北、山东、广东也有养殖。

【栖息环境】属底层鱼类，适应能力强，能在各种水域中生活。抗寒能力强，属广温性鱼类，适温范围0～36℃，其生长温度12～34℃，适宜生长的温度17～33℃，最佳生长温度20～31℃。适应pH为7～9.5，适宜pH为7.5～9.0。乌克兰鳞鲤耗氧率低、耐低氧能力比其他鲤鱼品种强。在水温20～26℃时摄食最旺盛，6℃以下停止摄食。

【生物学特征】乌克兰鳞鲤的生长速度快，与目前我国所有的鲤鱼品种相比，在饲料营养成分达标、饵料系数等同的情况下，生长速度快30%以上。性成熟年龄比我国鲤鱼的性成熟年龄较晚，雄鱼3龄，雌鱼4龄。卵黏性。繁殖水温在16℃以上，最适水温为20～24℃。杂食性，喜食底栖生物。经过驯化后也可以投喂人工饲料。

【可能存在的风险】一是在自然水域中定居的乌克兰鳞鲤，通过竞争性替代，将本土鱼类从其适宜的栖息地排除，影响本土鱼类的生存和繁殖。二是食量大，生长速度快，导致其他鱼类的食物来源减少。三是在自然水域中，捕食本土鱼类的卵和幼鱼，影响本土鱼类的生存和种群的延续。

【防控建议】一是开展自然水域中乌克兰鳞鲤的危害评估，加强宣传教育，提高对乌克兰鳞鲤的认识，减少人为放生。二是提高防控意识，加强对乌克兰鳞鲤养殖的管理，减少养殖逃逸和养殖丢弃的行为。

（葛红星　江苏海洋大学）

11. 高身鲫 ｜ *Carassius cuvieri*

【英文名】crucian carp，golden carp。

【俗　名】白鲫、日本鲫、大阪鲫。

【分类检索信息】鲤形目 Cypriniformes，鲤科 Cyprinidae，鲫属 *Carassius*。

【主要形态特征】体呈银白色，侧扁且高，前背部隆起略成驼背形。各鳍呈银灰黑色。腹部无棱。头较小，吻钝。口小，端位，口裂大。口角无须。瞳孔较小，眼径为瞳孔的2.25倍。眼间距较宽。尾部较细长，尾柄长大于尾柄高。背鳍起点距吻端较尾基近。背鳍外缘微凹。腹鳍起点与背鳍起点相对，不达臀鳍。臀鳍起点距尾基较距腹鳍基底近，臀鳍第三根硬棘粗大。尾鳍分叉，上下叶末端圆钝，肛门位于臀鳍起点之前。背鳍条Ⅲ－16～18；臀鳍条Ⅲ－5。侧线鳞31～32，鳃耙数为102～120，鳃耙长而密（图2-41）。

图2-41　高身鲫成体

【与相近种的比较鉴别】见表2-10和图2-42。

表2-10 高身鲫与鲫的形态特征比较

种类	体色	体形	鳃耙	臀鳍鳍条	侧线鳞
高身鲫	银白	侧扁且高，前背部隆起略成驼背形	102～120	5	31～32
鲫	腹部为浅白色，背部为深灰色	梭形，体高而侧扁	100～200	6	28～30

高身鲫

鲫

图2-42 高身鲫和鲫形态特征比较

【引种来源】1959年引入我国台湾，1976年由中山大学等单位从日本琵琶湖引入广东省，现已在全国推广养殖。

【扩散途径】一是养殖逃逸：由于洪水和养殖期间换水等造成的养殖逃逸。二是人为遗弃：养殖期间发病后人为丢弃；人们购买后未食用的个体被丢弃，偶然进入附近水域。三是自然扩散。

【分布情况】原产于日本琵琶湖。现在我国大部分地区均有分布。

【养殖概况】目前已经在我国南北各地区均有养殖，广东等南方地区养殖较多。

【栖息环境】生活在中层水层，有居群习性。适应性强，耐高温、耐低氧，可以在不良水质中存活。

【生物学特征】生长速度比本地鲫鱼快1～2倍。对水温的变化有较强的适应性，冬季仍能摄食，好氧率比较低，具有忍耐较长时间低溶解氧的能力，在水质不良的环境中也能生活。高身鲫体型大，最大可达2.5kg。2龄左右性成熟，雌雄比1∶1。在天然水中能自然繁殖，4月初开始产卵，卵黏性，产于水草上。高身鲫的怀卵量与东北鲫相似，怀卵量随鱼体的增大而增加。体重150～187g时，怀卵量为3万～3.9万；体重284～295g时，怀卵量为4.5万～5.3万；体重305～308g时，怀卵量为6万～7万；体重405g时，怀卵量为7万～8

万。杂食性，主要以浮游植物和底栖动物等为食。在鱼苗阶段前期以食浮游动物为主，主要为轮虫。后期开始食浮游植物。

【可能存在的风险】一是在自然水域中定居的高身鲫，通过竞争性替代，将本土鱼类从其适宜的栖息地排除，影响本土鱼类的生存和繁殖。二是食量大，在自然水体中通过大量捕食藻类和浮游动物，导致其他鱼类的食物来源减少，从而改变水域生态系统的营养关系，另外浮游生物和藻类数量的减少也会导致水域生态系统结构和功能的改变。三是在自然水域中，捕食本土鱼类的卵和幼鱼，影响本土鱼类的生存和种群的延续。

【防控建议】一是开展自然水域中高身鲫的危害评估，加强宣传教育，提高对高身鲫的认识，减少人为放生。二是提高防控意识，加强对高身鲫养殖的管理，减少养殖逃逸和养殖丢弃的行为。三是优化养殖结构布局，推进其在适生区以外的区域养殖。

（葛红星 江苏海洋大学）

12. 美国大口胭脂鱼 | *Ictiobus cyprinellus*

【英文名】bigmouth buffalo, gourdhead, redmouth buffalo, common buffalo。

【俗 名】美国大口牛胭脂鱼、牛鲤。

【分类检索信息】鲤形目 Cypriniformes，胭脂鱼科 Catostomidae，牛胭脂鱼属 *Ictiobus*。

【主要形态特征】头部橄榄色，宽而钝。口端位，口裂较大，无须。眼较大，鼻孔位于眼前上方两侧。鳃孔较大，鳃膜不与颊部相连，有4对全鳃，第五对鳃弓退化。体表被有覆瓦状鳞片，具光泽，侧线起始于头部鳃盖开口处上缘，然后下行经过鱼体中位到达尾柄末端。侧线上部褐绿色，后下部青绿色，腹部白色。幼鱼及成鱼阶段背鳍基部左右各有一列反光鳞片。成熟的雌雄鱼色泽艳丽，在阳光下呈五彩斑斓，异常美丽，故名胭脂鱼。鳃孔较大，鳃膜不发达，黏液多，肛门距离臀基部约1.0cm内陷。尾柄短，利于在水中快速游动。背鳍较长，呈V形，鳍边缘呈锯齿形凹隐。腹鳍、胸鳍各1对，呈不规则的椭圆形。臀鳍近似三角形，尾鳍叉型。背鳍Ⅲ-23～27；胸鳍16～17；腹鳍Ⅰ-9～10；臀鳍Ⅰ-9；尾鳍26（图2-43）。

图2-43　美国大口胭脂鱼成体

【与相近种的比较鉴别】见表2-11和图2-44。

表2-11　美国大口胭脂鱼与中国胭脂鱼的形态特征比较

种类	口位	体色	尾柄	臀鳍鳍条
美国大口胭脂鱼	端位	成熟的雌雄鱼色泽艳丽，在阳光下呈五彩斑斓	短	9
中国胭脂鱼	下位	成熟个体体侧为淡红、黄褐或暗褐色，从吻端至尾基有一条胭脂红色的宽纵带，背鳍、尾鳍均呈淡红色	细长	10～12

美国大口胭脂鱼

中国胭脂鱼

图2-44　美国大口胭脂鱼和中国胭脂鱼比较

【引种来源】1993年由湖北省水产科学研究所从美国引进。1998年4月首次繁殖成功。2000年通过全国水产原良种审定委员会审定，品种登记号：GS-03-002—2000。目前已在我国很多地区养殖。

【扩散途径】一是养殖逃逸：由于洪水和养殖期间换水等造成的养殖逃逸。二是人为遗弃：养殖期间发病后人为丢弃。人们购买后未食用的个体被丢弃，偶然进入附近水域。

【分布情况】原产于美国密西西比河、苏利湖、伊利湖。

【养殖概况】我国主要在长江流域与珠江流域养殖，可与罗非鱼等混合养殖。

【栖息环境】属喜温性中上层鱼类，有集群性。生存水温为0～41.5℃，最适生长水温为18～32℃。可在半盐水中生活，耐低氧，生长环境的pH平均为7.2。

【生物学特征】当水温在7℃以下时，摄食减少；4℃以下时，则停止摄食。在我国各地都能自然越冬。雄性性成熟年龄为2龄，雌性3龄。最适产卵水温在15℃，喜宽阔、水草丰盛的浅水湾产卵，卵黏性，黏附在水草上。最佳产卵水温为18～24℃，当水温超过31.5℃时，停止产卵。杂食性。幼鱼阶段，摄食浮游植物多为小球藻；浮游动物以枝角类为主，剑水蚤及壶状臂尾轮虫为辅。成鱼阶段主要摄食枝角类、桡足类及摇蚊幼虫、水生昆虫、软体动物、介形类等。经驯化后可喂人工饲料，如棉饼、菜饼、花生粕、黄豆饼等。

【可能存在的风险】一是在自然水域中定居的美国大口胭脂鱼，通过竞争性替代，将本土鱼类从其适宜的栖息地排除，影响本土鱼类的生存和繁殖。二是食量大，在自然水体中通过大量捕食藻类和浮游动物，导致其他鱼类的食物来源减少，从而改变水域生态系统的营养关系，另外浮游动物和藻类数量的减少也会导致水域生态系统结构和功能的改变。三是繁殖习性与鲤基本相同。在野外可自然繁殖，浙江铜山源水库有增殖。

【防控建议】一是开展自然水域中美国大口胭脂鱼的危害评估，加强宣传教育，提高对美国大口胭脂鱼的认识，减少人为放生。二是提高防控意识，加强对美国大口胭脂鱼养殖的管理，减少养殖逃逸和养殖丢弃的行为。三是优化养殖结构布局，推进其在适生区以外的区域养殖。

（葛红星 江苏海洋大学）

13. 欧鳊 | *Abramis brama orientalis*

【英文名】Aral bream，european bream，freshwater bream。

【俗　名】鳊鱼、花鳊。

【分类检索信息】鲤形目 Cypriniformes，鲤科 Cyprinidae，欧鳊属 *Abramis*。

【主要形态特征】体较高，甚侧扁。头小，吻钝，口端无须，眼中等大。口前位，口裂小，呈马蹄形，上颌后端伸至前鼻孔下方，鳃盖膜与颊部相连，咽齿1行。鳞中等大，侧线完全；腹部在腹鳍基至肛门有腹棱，尾柄短而高。腹鳍基有一腋鳞。背鳍高，无硬棘，微凹，第一枚分支鳍条最长。胸鳍末端达到或超过腹鳍起点。臀鳍基部长，起点位于背鳍基末端的下方。尾鳍深分叉，下叶长于上叶。体背部青灰色，体侧银灰色，腹部银白色，臀鳍、腹鳍与尾鳍为黑色（图2-45）。

图2-45　欧鳊成体

【与相近种的比较鉴别】见表2-12和图2-46。

表2-12　欧鳊与鳊的形态特征比较

种类	体形	腋鳞	背鳍硬棘
欧鳊	甚侧扁，卵圆形	腹鳍基有一腋鳞	无
鳊	侧扁，全体呈菱形	无	有

欧鳊

鳊

图2-46　欧鳊和鳊比较

【引种来源】1959—1964年由苏联至哈萨克斯坦境内的斋桑湖泊引进3 800尾、巴尔哈什湖引进598尾。20世纪60年代后期，经额尔齐斯河与伊犁河扩散至我国新疆境内。

【扩散途径】一是养殖逃逸：由于洪水和养殖期间换水等造成的养殖逃逸。二是人为遗弃：养殖期间发病后人为丢弃；人们购买后未食用的个体被丢弃，偶然进入附近水域。三是自然扩散：在自然水域建立种群后的自我扩散。四是增殖放流：部分地区如新疆伊犁等地作为增殖放流对象投放到自然水域。

【分布情况】原产于亚洲，主要分布于咸海水域。我国主要分布于新疆额尔齐斯河流域及其附属水体。

【养殖概况】在河湖天然大型水域养殖较适宜，尤其以小型水库较优越。目前我国新疆地区养殖较多，近几年来，欧鳊在新疆全区大量养殖，在伊犁河的渔获物中仅次于鲤而居第二位，在额尔齐斯河和福海中占渔获总产量的3%～5%。

【栖息环境】喜欢栖息在河流、湖泊的缓流或静水处，属广温性的大型经济鱼类，耐低氧，栖息于水体中上层，喜集群，生长适温为17～24℃。

【生物学特征】耐低氧、耐盐、耐碱能力强。成鱼个体较大，一般体长30～50cm，体重0.5～2.5kg。生殖期为5月下旬至6月中旬，雄鱼2～3龄，雌鱼3～4龄性成熟。产卵水温为12～24℃，卵黏性。体长17cm的鱼，可怀卵12 718粒，体长20cm，可怀卵20 470粒。杂食性。主食动物有枝角类、桡足类、摇蚊幼虫、水生昆虫及幼虫、寡毛类、小型壳薄的软体动物；主食植物有丝状藻，水生高等植物的嫩茎、叶和种子等。

【可能存在的风险】一是在自然水域中定居的欧鳊，通过竞争性替代，将本土鱼类从其适宜的栖息地排除，影响本土鱼类的生存和繁殖。二是食量大，在自然水体中通过大量摄食藻类和浮游动物或其他小型水生动物，导致其他鱼类的食物来源减少，从而改变水域生态系统的营养关系。三是在自然水域中，可能捕食本土鱼类的卵和幼鱼，影响本土鱼类的生存和种群的延续。

【防控建议】一是开展自然水域中欧鳊的危害评估，加强宣传教育，提高对欧鳊的认识，减少人为放生。二是提高防控意识，加强对欧鳊养殖的管理，减少养殖逃逸和养殖丢弃的行为。三是优化养殖结构布局，推进其在适生区以外的区域养殖。

（葛红星　江苏海洋大学）

14. 似蛴欧白鱼 | *Alburnus chalcoides*

【英文名】Danube bleak。

【俗　名】拟鲌、卡拉白鱼。

【分类检索信息】鲤形目 Cypriniformes，鲤科 Cyprinidae，欧白鱼属 *Alburnus*。

【主要形态特征】体形细长，鳞片中等大，背部青灰色，腹部白色。体长/体高为3.49～5.08，体长/头长为4.61～5.39，眼径/眼间距为0.67～0.83。尾柄/尾柄高为1.55～2.41。成熟雌鱼性腺重/体重为0.05～0.12，雄鱼性腺重/体重为0.03～0.07。背鳍Ⅱ-8～9，胸鳍Ⅰ-13～15，腹鳍Ⅰ-8～9，臀鳍Ⅲ-15～16。侧线鳞59～66，鳃弓3～4，鳃耙21～25，围尾柄鳞17～19，咽齿两排2.5～5.2，齿形细长无钩。脊椎骨39～44。尾鳍形状为正尾型，分叉较深，无幽门盲囊（图2-47）。

图2-47　似蛴欧白鱼成体

【与相近种的比较鉴别】见表2-13和图2-48。

表2-13　似蛴欧白鱼与鲢形态特征差异比较

种类	鳞片	体长/体高	体长/头长
似蛴欧白鱼	中等大	3.49～5.08	4.61～5.39
鲢	小	3.30～3.62	3.57～4.06

似蝲欧白鱼

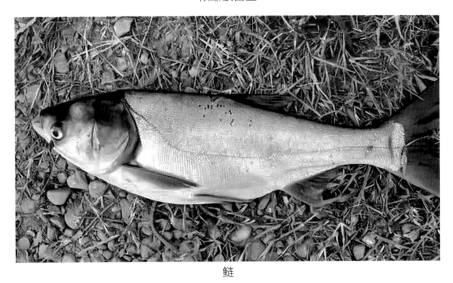

鳙

图2-48　似蝲欧白鱼与鳙形态特征差异比较

【引种来源】2001年由中国水产科学研究院黑龙江水产研究所引入我国，2003年在我国人工繁殖成功。

【扩散途径】一是养殖逃逸：由于洪水和养殖期间换水等造成的养殖逃逸。二是人为遗弃：养殖期间发病后人为丢弃；人们购买后未食用的个体别丢弃，偶然进入附近水域。

【分布情况】原产于里海，土耳其、俄罗斯以及乌兹别克斯坦等国均有分布。

【养殖概况】目前在山东省禹城市建有苗种繁育、供应基地，河北、上海、辽宁等地也开始推广养殖。可以与虾、蟹、鲢和泥鳅混养。适合高密度养殖。耐盐碱能力强，主要在东北盐碱水域养殖（图2-49）。

图2-49　高密度养殖似蜥欧白鱼

【栖息环境】属温水性鱼类，生活在中上层水域，喜集群，易捕捞。适应水温范围0~35℃，最佳生长水温20~28℃。碱度为1.8~32.0mmol/L，pH 4.5~10.1。适宜于盐碱水域。

【生物学特征】鱼食性广、易驯化、喜集群活动。卡拉白鱼个体小、生长速度慢，养成商品鱼通常需3年。应当强化培育鱼苗，2龄鱼种才能获得3龄鱼的高产量。雌鱼3龄性成熟，体长18~22cm，体重50~150g，怀卵量0.5万~1.0万粒，产黏性卵。胚胎发育适宜水温22~26℃，胚胎发育所需积温1 357~1 416h。杂食性。池塘养殖条件下，一般投喂人工配合颗粒饲料。似蜥欧白鱼的养殖在仔鱼期主要摄食浮游生物，幼鱼期以后投喂人工颗粒饲料饲养。

【可能存在的风险】一是与本地土著种竞争生活空间及饵料资源等，挤占本土物种的生态位。二是直接捕食鱼类或者幼鱼或消灭其他土著物种。三是通过大量摄食，改变水体中浮游动物和浮游植物的种类组成和数量，影响水域生态环境。

【防控建议】一是开展自然水域中似蜥欧白鱼的危害评估，加强宣传教育，提高对似蜥欧白鱼的认识，减少人为放生。二是提高防控意识，加强对似蜥欧白鱼养殖的管理，减少养殖逃逸和养殖丢弃的行为。三是优化养殖结构布局，推进其在适生区以外的区域养殖。

（葛红星　江苏海洋大学）

 五　脂鲤目

1. 短盖肥脂鲤 ｜ *Piaractus brachypomus*

【英文名】red pacu，pirapitinga。

【俗　名】淡水白鲳、金鲳鱼、银板鱼、短盖巨脂鲤。

【分类检索信息】脂鲤目 Characiformes，脂鲤科 Characidae，肥脂鲤属 *Piaractus*。

【主要形态特征】体呈卵圆形，侧扁，背较厚，口端位，无须。头部小，头长与头高相当。眼中等大，位于口角稍上方。尾分叉，下叶稍长于上叶。鳍条无硬棘。背部有脂鳍，背鳍起点与腹鳍略相对，体被小型圆鳞，自胸鳍基部至肛门有略呈锯状的腹棱鳞。体色为银灰色，胸鳍、腹鳍、臀鳍呈红色，尾鳍边缘带黑色（图2-50）。

图2-50　短盖肥脂鲤

【与相近种的比较鉴别】见表2-14和图2-51。

表2-14 短盖肥脂鲤和纳氏臀点脂鲤主要形态差异

物种	口裂	牙齿	体色和斑纹
短盖肥脂鲤	较小，近C形	2排，较大	背部银白色，无明显斑纹
纳氏臀点脂鲤	较大，"<"形	1排，较尖锐	背部墨绿色，有多个小的深色斑纹

注：表格第二列"口裂"中，淡水白鲳口裂内外大小差异不大，呈近似C形；食人鲳的口裂内小外大，呈"<"形。

图2-51 短盖肥脂鲤和纳氏臀点脂鲤的形态比较

【引种来源】原产于南美洲亚马孙河，为热带和亚热带鱼类，作为养殖品种引入。

【扩散途径】养殖逃逸和自然扩散。

【分布情况】主要分布我国南方水域，在珠江水系和海南岛多地均有发现。

【养殖概况】在我国南方多个省份均有养殖。

【栖息环境】栖息于水域的中下层，喜群居和群游。在河流和水库中均有分布。

【生物学特征】个体较大，生长迅速；繁殖对水温要求较高，繁殖量大，养殖条件下每千克亲鱼平均产卵5万粒以上；杂食性，食性较广。

【可能存在的风险】食性广、食量大，喜捕食活饵，严重威胁其他小型鱼类的生存。

【防控建议】一是加强宣传教育，避免与食人鲳混淆，引起不必要的恐慌。二是提高公民意识，同时减少人为放生。三是加强养殖管理，减少养殖逃逸。

（顾党恩 中国水产科学研究院珠江水产研究所）

2. 纳氏臀点脂鲤 ┃ *Pygocentrus nattereri*

【英文名】red-bellied piranha。

【俗 名】食人鱼、食人鲳、水虎鱼、纳氏锯脂鲤。

【分类检索信息】脂鲤目 Characiformes，脂鲤科 Characidae，臀点脂鲤属 *Pygocentrus*。

【主要形态特征】体形小巧。身体左右侧扁，前后呈卵圆形。颈部短，体呈灰绿色，背部为墨绿色，腹部为鲜红色。两颌短而有力，下颌突出，牙齿为三角形，尖锐，上下互相交错排列。成熟的纳氏臀点脂鲤具鲜绿色的背部和鲜红色的腹部，体侧有斑纹。体长可达20cm。外观与养殖品种淡水白鲳较相似，但淡水白鲳上下颌齿均有2行，而纳氏臀点脂鲤上下颌齿均只有1行，牙齿尖锐，呈三角形，上下相互交错连接，呈锯齿状嵌合（图2-52）。

图2-52　纳氏臀点脂鲤

【引种来源】原产于南美洲亚马孙河流域，作为观赏鱼被人为引进。

【扩散途径】家庭观赏养殖弃养。

【分布情况】主要分布于安第斯山以东至巴西平原的诸河流中。除亚马孙河外，库亚巴河和奥利诺科河也是其主要产地。现分布于南美洲亚马孙河流域，阿根廷、巴西均有分布。目前只偶然见在我国南方水温比较高的水域有零星捕获的报道，例如柳州、佛山等地，此外也经常有淡水白鲳被当作食人鲳的乌龙报道。

【养殖概况】观赏鱼市场有引进野生个体，并在本土有少量繁殖。

【栖息环境】喜栖息在主流、较大支流的宽阔、水流较湍急处。

【生物学特征】体质强壮，易饲养。喜欢弱酸性软水，生长适宜水温为22～28℃。群体觅食，主食比较小个体的鱼，猎食水中任何移动的东西，尤其对血腥味敏感，上下颌的咬合力大得惊人。pH 6.5～8.0，水温10～32℃。暂无发现在自然水域能自然繁殖的现象。

【可能存在的风险】体质强壮，对水质要求不严。一旦流入自然水域，特别是南方气候条件相对比较适宜的水体，若能自然生长甚至繁殖，其疯狂的群体掠食特性将是对当地渔业资源毁灭性的灾难。此外，纳氏锯脂鲤还会攻击进入水域的人类，威胁人类人身安全。

【防控建议】一是加强宣传外来入侵的危害，传播正确的放生意识，禁止释放于自然水域。二是技术上并无有效防控措施，主要为物理防治，即人工抓捕。防控重点在预防，主要包括严禁非法入境，避免养殖逃逸，禁止人为放生，同时加强宣传教育，提高人们防范意识。

（顾党恩　中国水产科学研究院珠江水产研究所）

3. 条纹鲮脂鲤 ｜ *Prochilodus lineatus*

【英文名】curimbata，streaked prochilod。

【俗　名】巴西鲷、南美鲱鱼。

【分类检索信息】脂鲤目 Characiformes，无齿脂鲤科 Prochilodontidae，鲮脂鲤属 *Prochilodus*。

【主要形态特征】背鳍和尾鳍之间具有一脂鳍。体侧扁，呈纺锤形，体形与鲤近似，体色银白。口端位。尾鳍深叉，上下叶约等长，鳍条末端橘红色（图2-53）。

图2-53　条纹鲮脂鲤

【引种来源】1996年作为食用鱼从巴西引进。

【扩散途径】养殖逃逸后的自我繁殖和扩散。

【分布情况】分布范围较小，目前在广东等部分河流有分布。

【养殖概况】目前，养殖范围不广，在浙江、广东等地有少量养殖（图2-54）。

【栖息环境】生活于水体底层，在河流下游流速较缓处较多。

【生物学特征】属热带鱼类，生活在水体的底层，性温和，易于捕获，环境适宜性强，对水温和pH适应范围广。杂食性偏植物食性，生长速度快，2龄鱼可达到性成熟。

【可能存在的风险】通过食物竞争影响本土鱼类的生存和生长。

图2-54　渔获物中的条纹鲮脂鲤

【防控建议】一是加强养殖监管，防止养殖外来物种逃逸扩散和随意杂交。二是禁止在开放水域进行各种方式的养殖。三是加强外来物种防控宣传教育，禁止随意放生（放流）或丢弃等行为。四是对野外误捕应进行无害化处理，严禁放回原水域。

（顾党恩　中国水产科学研究院珠江水产研究所）

六　鲇形目

1. 斑点叉尾鮰 | *Ictalurus punctatus*

【英文名】channel catfish。

【俗　名】沟鲇、河鲇、美洲鲇、钳鱼、鮰鱼。

【分类检索信息】鲇形目 Siluriformes，鮰科 Ictaluridae，叉尾鮰属 *Ictalurus*。

【主要形态特征】体呈圆柱形，体前部宽于后部。头较小。吻稍尖，口亚下位，口横裂较小，有深灰色须4对，颌须最长。体表光滑无鳞，黏液丰富。侧线完全，皮肤上有明显的侧线孔。背部灰色，侧线以下灰白色，腹部乳白色，幼鱼体侧有不规则黑或深褐色斑点；各鳍均为深灰色，背鳍和胸鳍都有一根硬棘，硬棘外缘光滑，内缘有锯齿状的稍向下斜的齿。尾鳍分叉较深，上叶稍长（图2-55）。

图2-55　斑点叉尾鮰成体

【与相近种的比较鉴别】见表2-15和图2-56。

表2-15　斑点叉尾鮰和近似种比较

种类	脂鳍有无	臀鳍鳍条数和特征	尾鳍形状
斑点叉尾鮰	有	25～29，中等长	深叉形
云斑鮰	有	18～21，中等长	截形，中间微凹
大口鲇	无	70～86，较长	截形，中间微凹
黄颡鱼	有	16～20，中等长	深叉形

【引种来源】原产于北美，是美国主养淡水鱼之一。1978年我国从日本引进鱼种100多尾，大部分运送到中国水产科学研究院珠江水产研究所试养，最后因池塘缺氧大部分个体死亡。1984年7月至1985年4月湖北省水产研究所从美国加州比尔·金私立渔业公司、加州大学、加州渔业养殖公司进行了引种，并对人工繁殖、苗种培育、饲料开发进行了大量试验与研究，在20多个省市推广成功。此后为了保种、扩种和更新种质资源，1997年和1998年全国水产技术推广总站又从美国组织引进了亚拉巴马州、密西西比州和阿肯色州3个新品系，分别在北京小汤山水产养殖场、湖北省水产良种试验场和江苏省泰兴市水产良种场建立了3个不同品系的斑点叉尾鮰良种繁育基地，以便为我国的养殖者提供斑点叉尾鮰良种。

【扩散途径】一是养殖逃逸：由于洪水、养殖管理不善等造成的养殖逃逸。二是人为放生：偶见作为放生对象无意释放到河流湖泊中。

斑点叉尾鮰

云斑鮰

大口鲇

黄颡鱼

图2-56　斑点叉尾鮰与近似种比较

【分布情况】自然分布于北美加拿大南部到墨西哥北部的淡水水域，也是美国主养淡水鱼之一。国内在广东的西江、北江和贵州的红水河水系、广西的浔江均有捕捞调查记录。

【养殖概况】目前是我国的主要淡水名优养殖鱼类之一，2016年产量达285 849t，其中以四川、湖北、湖南、江西、广东5个省份最多，分别为69 680t、49 013t、41 012t、26 187t和20 174t，这5个省份共占到了全国产量的72.1%。主要养殖方式为池塘养殖和网箱养殖，四川、湖北、湖南等地水库的网箱中有大量的鱼种或成鱼群体。

【栖息环境】主要在大中型河流分布。

【生物学特征】生活水温范围为0～38℃，摄食水温为5～36℃，生长适温为15～32℃。对环境的适应能力较强，鱼种窒息点的溶解氧为0.34mg/L，适应盐度为0.1～8，可以在半咸水水体生长存活，适宜pH为6.5～8.9。生长速度快，生命周期长，属于大型淡水鱼类，池塘养殖个体体长超过50cm，体重在1.5kg以上。性成熟年龄3～4龄，体重1～4.5kg，产卵季节一般在5—8月，繁殖力高，相对怀卵量为每千克体重5 000～13 000粒。底栖杂食性，食物来源广，主要食物为各种底栖动物、水草及小杂鱼，食量大。对疾病的抵抗力强，生存能力强。

【可能存在的风险】一是在自然水域中定居的斑点叉尾鮰通过竞争性替代，将本土中小型鮰类从其适宜的栖息地排除，影响本土鱼类的生存和繁殖。二是在自然水体中通过大量捕食底栖生物，导致其他鱼类的食物来源减少，从而改变水域生态系统的营养关系。

【防控建议】一是开展自然水域中斑点叉尾鮰的危害评估。二是提高防控意识，加强对斑点叉尾鮰养殖特别是网箱养殖的管理，减少养殖逃逸和养殖丢弃的行为。

（熊波 西南大学）

2. 云斑鮰 | *Ameiurus nebulosus*

【英文名】brown bullhead。

【俗　名】褐首鲇。

【分类检索信息】鲇形目 Siluriformes，鮰科 Ictaluridae，鮰属 *Ameiurus*。

【主要形态特征】体短而粗，前部较宽，后部稍扁。头较大，腹面平直，背面斜平。口端位，吻宽而钝，口裂较宽大；触须4对，口角须宽扁而长，末端超过胸鳍基部。体表光滑无鳞，黏液丰富。侧线完全，较平直。体表背部深褐色，具不规则的黑色云状斑块，腹部灰白色。背鳍和胸鳍各有一根硬棘；臀鳍基部较短，形似刀状，有18～21根鳍条；尾鳍末端截形，略有浅分叉（图2-57）。

【引种来源】原产于北美，1984年由湖北省水产研究所从美国加利福尼亚州引进，1986年人工繁殖成功，1987年开始推广，主要在我国南方养殖。

【扩散途径】一是养殖逃逸：由于洪水、养殖管理不善等造成的养殖逃逸。二是增殖放流：部分地区作为增殖放流对象投放到自然水域。三是人为放生：被作为放生对象释放到河流湖泊中。

【分布情况】自然分布于北美的淡水、半咸水水域，主要分布区是美国中部、东部和加拿大北部。我国新疆的部分河流和水库有分布，1988年云斑鮰被引入新疆，同年放养于昌吉水产养殖场和阿克苏水产养殖场，后流入塔里木河流域。2000年后阿拉尔垦区养殖户将云斑鮰再次引入新疆养殖后，流入阿拉尔市胜利水库。

图2-57　云斑鮰成体

【养殖概况】目前已推广到从黑龙江流域到珠江流域的20多个省、直辖市、自治区，养殖规模较大的主要有湖北、四川、湖南、安徽等省份。

【栖息环境】在大江大河、溪流沟渠和湖泊湿地等各种生境下均有分布。

【生物学特征】广温性鱼类，生存水温0～39.5℃，生长适温18～32℃。淡水、半咸水底栖鱼类，盐度适应范围0.1～8，耐低氧，pH适应范围6.0～9.0。属于中型鱼类，常见个体20.0～25.0cm，体重0.5～0.8kg，最大体长55.0cm，最大体重2.7kg，最大年龄9龄。性成熟年龄2～3龄，一年繁殖1次，一次产卵类型，产卵季节一般在6—7月，有筑巢产卵习性，亲体有护巢习性。杂食性，通常以底栖生物、水生昆虫、有机碎屑及藻类为食。

【可能存在的风险】一是在自然水域中定居的云斑鮰通过竞争性替代，将本土鱼类从其适宜的栖息地排除，影响本土鱼类的生存和繁殖。二是在自然水域中，捕食本土鱼类的卵和幼鱼，影响本土鱼类的生存和种群的延续。

【防控建议】一是开展自然水域中云斑鮰的危害评估，加强宣传教育，减少人为放生。二是提高防控意识，加强对云斑鮰养殖的管理，减少养殖逃逸和养殖丢弃的行为。三是开展针对性的控制实践，对危害农业生产或严重影响水域生态环境的云斑鮰开展定点防控。

（熊波　西南大学）

3. 革胡子鲇 ｜ *Clarias gariepinus*

【英文名】African sharptooth catfish。

【俗 名】埃及胡子鲇、埃及塘虱、八须鲇。

【分类检索信息】鲇形目 Siluriformes，胡子鲇科 Clariidae，胡子鲇属 *Clarias*。

【主要形态特征】体延长，头部扁平，后部侧扁。颅顶骨中部有大小2个微凹，头背部有许多呈放射性状排列的骨质突起。吻宽而钝，口端位，横裂较宽。鼻孔2对，间距较远；前鼻孔管状，靠近吻端；后鼻孔椭圆形，前方着生鼻须。眼小，几乎靠近口角。触须发达，共4对，其中颌须1对，最长，位于口角，长度超过胸鳍基部；颐须2对，鼻须1对，均不达胸鳍基部。鳃孔大，鳃膜不与颊部相连。肛门靠近臀鳍起点。背鳍长，约占体长的2/3，末端达尾鳍基部前。臀鳍也较长，约占体长的1/2。尾鳍呈铲状，不分叉，不与背鳍、臀鳍相连。胸鳍、腹鳍都较小，胸鳍具硬棘，粗短而钝，位于鳃孔两侧。腹鳍腹位。体表光滑无鳞，背部呈灰褐色和灰黄色，体侧有不规则的灰色斑块和黑色斑点，腹部色泽较淡，呈灰白色（图2-58）。

图2-58 革胡子鲇成体

【与相近种的比较鉴别】见表2-16和图2-59、图2-60。

表2-16 革胡子鲇和近似种比较

种类	头长/体长	第一鳃弓鳃耙数	胸鳍硬棘外形	枕突形状
革胡子鲇	17.7% ~24.4%	52~115	仅前缘有锯齿，后缘光滑	三角形
斑点胡子鲇	26.3% ~30.4%	28~33	前缘粗糙，后缘有强锯齿	圆弧形
蟾胡子鲇	26.8% ~31.3%	23	前缘、后缘粗糙，无明显锯齿	三角形
胡子鲇	16.4% ~23.3%	15~19	前缘粗糙，后缘有弱锯齿	三角形

革胡子鲇

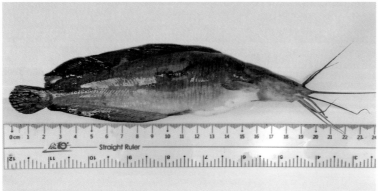

斑点胡子鲇

蟾胡子鲇

胡子鲇

图2-59　革胡子鲇和近似种比较

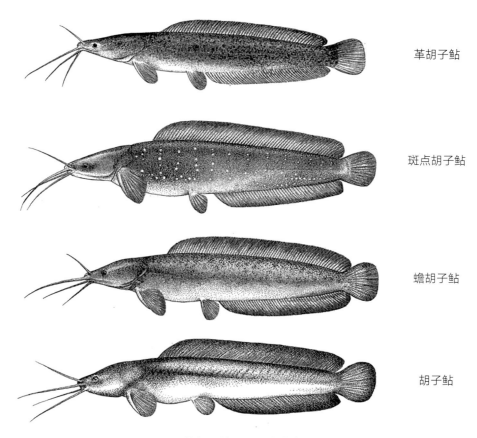

革胡子鲇

斑点胡子鲇

蟾胡子鲇

胡子鲇

图2-60　革胡子鲇和近似种模式图比较

【引种来源】原产于非洲尼罗河流域。1981年由广东省水产厅从埃及引进鱼种11尾（4雌7雄），在广东省淡水养殖良种场试养并繁殖成功，品种登记号：GS-03-008—1996。目前主要在华南、华中大部分地区推广，在我国各地均有养殖，在广东、广西地区属于淡水养殖高产品种之一。

【扩散途径】一是养殖逃逸：由于洪水、养殖管理不善等造成的养殖逃逸。二是养殖丢弃：价格低潮时更换养殖品种后的遗弃，部分养殖品种或者生长速度慢的群体被淘汰时的丢弃。三是人为放生：被作为放生对象释放到河流湖泊中。四是自然扩散：在华南的一些自然水域已建立种群并扩散。

【分布情况】自然分布区几乎遍及除北非和南非少数地区外的整个非洲大陆，亚洲分布于约旦、以色列、黎巴嫩、叙利亚和土耳其南部。在我国的天然水域，由于20世纪80年代的广泛引种已分布到全国各地，以华南地区、云南等地为主。据文献报道，通过对西江、北江、东江以及鉴江、潭江和海南省南渡江等水系的实地调查采样，发现各采样点均长期存在大量革胡子鲇野生群体，除华南地区外，在长江上游宜宾和秭归段、长江下游安庆段、黄河小浪底至入海口段均有分布。在珠江水系所采集到的样本存在大量雌性性成熟个体，说明革胡子鲇具有野外繁殖的能力。调查数据表明鉴江化州段、北江韶关段、西江梧州段以及海南省海口、文昌等地均发现大量革胡子鲇幼鱼，进一步证明了革胡子鲇在自然水域能实现自然繁殖。

【养殖概况】生长快，产量高，养殖周期短，一年产卵4～5次。苗种培育和成鱼养殖技术均较简单，饵料来源广，全国各地均有养殖。20世纪90年代之后，因养殖模式导致其体色肉质不受消费者喜爱，逐渐被其他养殖鲇类取代。

【栖息环境】主要在河流、湖泊等生境分布。

【生物学特征】生长适宜温度为18～34℃，最适温度为20～30℃，对低温的耐受力差，15℃以下停止摄食，7℃以下开始死亡。属于底层鱼类，对环境的适应能力强，在其他鱼类难以生存的水体也能正常生活、生长和繁殖，对溶氧的要求低，当溶氧量低至0.128mg/L时仍能生存，水中溶氧不足时常窜游至水面吞咽空气。生长速度较快，苗种当年可达到商品规格，一般个体可达500～700g，最大个体可达1.5～2.5kg。池塘主养，在饲料供应充足的情况下，每667m²产量可高达1 500～2 500kg。繁殖能力强，成熟年龄为一年，性成熟最小个体100g左右。繁殖季节4—10月，最适繁殖期为5月上旬至7月上旬，最适繁殖水温25～32℃。能在池塘中自然产卵繁殖，产卵习性似鲤，产黏性卵。亲鱼有吞食卵块现象，产出的卵子宜及早收集孵化。革胡子鲇为多次产卵类型，产后亲鱼经精养1个月左右，性腺再度发育成熟，1年可催产4～5次。怀卵量较大，体重500g左右的亲鱼，每次可产卵1万粒左右。以动物性饵料为主的杂食性鱼类。贪食，既食植物性饲料，又喜食动物性饲料，且生长速度以食动物性饲料为快。在天然水域，主要摄食小鱼、小虾、水生昆虫、水蚯蚓、底栖生物等。人工养殖时，可投喂野杂鱼类、蚕蛹、蝇蛆、蚌肉、屠宰场的废弃下脚料等，亦可投喂人工配合饲料，如麦麸、面粉、豆饼。对疾病的抵抗力强，生存能力强。

【可能存在的风险】一是在自然水域中，革胡子鲇摄食鱼类、甲壳类、贝类，兼食昆虫幼虫和藻类，其主要的偏好食物为罗非鱼、麦瑞加拉鲮以及对虾，加之食量大、食性杂、生长速度快，容易导致整个水域的鱼类资源被破坏。我国多地均有革胡子鲇进入养殖水域，导致鱼类减产的报道。二是在自然水体中通过大量捕食其他水生动物，从而改变水域生态系统的营养关系，导致水域生态系统结构和功能的改变。三是在自然水域中定居的革胡子鲇，通过竞争性替代，将本土鱼类从其适宜的栖息地排除，影响本土鱼类的生存和繁殖。四是与当地土著胡子鲇杂交，造成当地土著种的遗传基因混杂，可能降低土著物种的遗传质量，造成遗传污染。

【防控建议】一是加强养殖监管，防止养殖外来物种逃逸扩散和随意杂交。二是禁止在开放水域进行各种方式的养殖。三是加强外来物种防控宣传教育，禁止随意放生（放流）或丢弃等行为。四是对野外误捕应进行无害化处理，严禁放回原水域。

（熊波　西南大学）

4. 斑点胡子鲇 | *Clarias macrocephalus*

【英文名】bighead catfish，broadhead catfish。

【俗　名】斑点塘虱。

【分类检索信息】鲇形目 Siluriformes，胡子鲇科 Clariidae，胡子鲇属 *Clarias*。

【主要形态特征】体细长，头部较大，枕骨较深，头前半部扁平，后部侧扁。吻宽而钝，口端位，横裂较宽。鼻孔2对，间距较远，前鼻孔管状、靠近吻端，后鼻孔椭圆形、前方着生鼻须。眼小，前侧位。触须发达，共4对。背鳍、臀鳍均长，两鳍末端在尾部上下相对，胸鳍小，具1对发达的硬棘，外缘有锯齿。除胸鳍有硬棘外，其他各鳍均由软条组成。尾鳍圆扇形。体色一般呈褐黑色或灰黄色，体侧散布一些小白斑点（图2-61）。

图2-61　斑点胡子鲇

【引种来源】原产于泰国、越南，1982年由中国水产科学研究院珠江水产研究所从泰国引进。

【扩散途径】一是养殖逃逸：由于洪水、养殖管理不善等造成的养殖逃逸。二是养殖丢弃：价格低潮时更换养殖品种后的遗弃，部分养殖品种或者生长速度慢的群体被淘汰时的丢弃。三是自然扩散：在自然水域建立种群后的自我扩散。

【分布情况】斑点胡子鲇在东南亚的淡水水域中常见，在柬埔寨、老挝、马来西亚、泰国、越南等国家均有自然分布。我国在长江和长江以南的水域有分布。

【养殖概况】主要在广东、福建等地养殖。

【栖息环境】在大江大河、溪流沟渠和湖泊湿地等各种生境中均有分布。

【生物学特征】生长适宜温度为18～34℃，最适温度为25～33℃，对低温的耐受力低，11℃以下开始死亡。属于底层鱼类，对环境的适应能力强，在其他鱼类难以生存的水体也能正常生活、生长和繁殖，对溶氧的要求低。生长速度相对革胡子鲇较慢，当年孵化的苗种年底可达250g左右。性成熟年龄为1龄，性成熟最小个体100g左右。繁殖季节4—9月，最适繁殖期为5—7月，最适繁殖水温24～28℃。产黏性卵，雄鱼有护巢习性。以动物性饵料为主的杂食性鱼类。在天然水域主要摄食小鱼、小虾、水生昆虫、水蚯蚓以及其他底栖生物等。人工养殖时，可投喂野杂鱼类、蚕蛹、蝇蛆、蚌肉、屠宰场的废弃下脚料等，亦可投喂人工配合饲料。对疾病的抵抗力强，生存能力强。

【可能存在的风险】一是在自然水体中通过大量捕食其他水生动物，从而改变水域生态系统的营养关系，导致水域生态系统结构和功能的改变。二是在自然水域中定居的斑点胡子鲇，通过竞争性替代，将本土鱼类从其适宜的栖息地排除，影响本土鱼类的生存和繁殖。三是与本地胡子鲇或引进的其他胡子鲇如革胡子鲇杂交，造成当地土著种的遗传基因混杂，可能降低土著物种的遗传质量，造成遗传污染。

【防控建议】一是提高防控意识，加大对斑点胡子鲇养殖的管理，减少养殖逃逸和养殖丢弃的行为。二是优化养殖结构布局，推进其在适生区以外的区域养殖。三是开展针对性的控制实践，对危害农业生产或严重影响水域生态环境的斑点胡子鲇开展定点防控。四是对野外误捕应进行无害化处理，严禁放回原水域。

（熊波　西南大学）

5. 蟾胡子鲇 | *Clarias batrachus*

【英文名】walking catfish，Thailand catfish。

【俗　名】泰国胡子鲇，两栖胡子鲇。

【分类检索信息】鲇形目 Siluriformes，胡子鲇科 Clariidae，胡子鲇属 *Clarias*。

【主要形态特征】体型较大，体较长，前部扁平，后部侧扁。头宽阔、平扁。口端位，鳃孔宽阔。前鼻孔具短管，后鼻孔具鼻须，长达头长一半。上颌须超过胸鳍基部，下颌须2对，较上颌须略短。体色一般呈暗褐色，体下部由腹鳍至尾鳍有不规则的灰褐色斑块，腹部灰白色（图2-62）。

图2-62　蟾胡子鲇成体

【引种来源】原产于泰国、印度尼西亚。1982年由中国水产科学研究院珠江水产研究所从泰国引进。

【扩散途径】一是养殖逃逸：由于洪水、养殖管理不善等造成的养殖逃逸。二是养殖丢弃：价格低潮时更换养殖品种后的遗弃，部分养殖品种或者生长速度慢的群体被淘汰时的丢弃。三是自然扩散：在自然水域建立种群后的自我扩散。

【分布情况】自然分布于东南亚及南亚的淡水水域，主要分布国家有印度尼西亚、泰国、马来西亚、菲律宾、老挝、柬埔寨、印度和斯里兰卡，我国广东天然水域有分布。

【养殖概况】主要在广东等地养殖。

【栖息环境】在大江大河、溪流沟渠和湖泊湿地等各种生境中均有分布。

【生物学特征】生长适宜温度为18～32℃，最适温度为24～28℃，致死高温、低温分别为41℃和8℃。属于底层鱼类，对环境的适应能力强，鳃腔内有辅助呼吸器官，离水后仍能存活几十个小时。生长速度较快，当年孵化的苗种年底可达250～400g，一年可长到750g以上，最大个体体长可达47.0cm，体重可达1.5kg。性成熟年龄为1龄，性成熟最小个体28cm。繁殖季节4—9月，最适繁殖期为5—7月，最适繁殖水温24～28℃。产黏性卵，雄鱼有护巢习性。以动物性饵料为主的杂食性鱼类。在天然水域主要摄食小鱼、小虾、水生昆虫、水蚯蚓以及其他底栖生物等。人工养殖时，可投喂野杂鱼类、蚕蛹、蝇蛆、蚌肉、屠宰场的废弃下脚料等，亦可投喂人工配合饲料。对疾病的抵抗力强，生存能力强。

【可能存在的风险】一是在自然水体中通过大量捕食其他水生动物，从而改变水域生态系统的营养关系，导致水域生态系统结构和功能的改变。二是在自然水域中定居的斑点胡子鲇，通过竞争性替代，将本土鱼类从其适宜的栖息地排除，影响本土鱼类的生存和繁殖。

【防控建议】一是加强养殖监管，防止养殖外来物种逃逸扩散和随意杂交。二是禁止在开放水域进行各种方式的养殖。三是加强外来物种防控宣传教育，禁止随意放生（放流）或丢弃等行为。四是对野外误捕应进行无害化处理，严禁放回原水域。

（熊波 西南大学）

6. 低眼无齿鲶 | *Pangasianodon hypophthalmus*

【英文名】striped catfish。

【俗 名】巴丁鱼、苏氏河鲇、淡水鲨鱼。

【分类检索信息】鲇形目 Siluriformes，鲶科 Pangasiidae，无齿鲶属 *Pangasianodon*。

【主要形态特征】体长而侧扁，前部宽于后部。头部较小，略呈圆锥形。吻短，口亚下位，上下颌均密生板带状小齿。眼较大，近圆形，较靠下，位于口裂稍后处，须2对。背部光滑，隆起明显，腹部圆，无腹棱。体背灰黑色，腹部银白色，幼鱼体侧有2条纵长黑色斑带。背鳍灰黑色，后端有一白色边缘；胸鳍和腹鳍灰黑色；臀鳍白色，中部亦有一黑带（图2-63）。

图2-63　低眼无齿鲹成体

【引种来源】原产于柬埔寨、老挝、泰国、马来西亚和越南等东南亚地区，是湄公河流域的主要淡水鱼种之一。1978年华南师范大学从泰国引进鱼苗1 000余尾，1981年培养出性成熟个体，1985年规模化鱼种培育成功。1997—1999年，国内多家水产科研机构多次从马来西亚引种，2000年北京市水产技术推广站正式从马来西亚引种。

【扩散途径】一是养殖逃逸：由于洪水、养殖管理不善等造成的养殖逃逸。二是自然扩散：在自然水域建立种群后的种群迁移和扩张。

【分布情况】原产于柬埔寨、老挝、泰国、马来西亚和越南等东南亚地区；我国天然水域中，在海南省琼中黎族苗族自治县等地区的自然河道偶有发现。

【养殖概况】目前已在广东、海南、四川、湖北、江苏、北京等地示范养殖。

【栖息环境】主要分布在大中型河流。

【生物学特征】属热带鱼类，正常生活水温为20～36℃，生长适温为24～28℃，低温下限是12℃。有辅助呼吸器官，对低氧的耐受力较强，适宜pH为6.5～7.5。生长速度快，生命周期长，属于大型淡水鱼类，当年鱼种可长到1.5～2.0kg，最大个体体长可达130cm，体重可达44kg。雌性个体性成熟年龄3～4龄，体重3kg以上，雄性2龄性成熟，产卵季节一般在5—8月，繁殖力强，相对怀卵量为每千克体重5 000～13 000粒。杂食性，主要食物为鱼类、虾蟹及植物碎片。

【可能存在的风险】一是目前已经在我国南方特别是海南岛一些自然河道中发现能越冬存活的个体。在自然水域中定居的低眼无齿鲹，通过竞争性替代，将本土中小型鲹类从其适宜的栖息地排除，影响本土鱼类的生存和繁殖。二是该鱼食量大，在自然水体中通过大量捕食底栖生物，导致其他鱼类的食物来源减少，从而改变水域生态系统的营养关系。

【防控建议】一是开展自然水域中的危害评估。二是提高防控意识，加大引种和养殖推广管理，减少养殖逃逸和养殖丢弃的行为。三是优化养殖结构布局，推进其在适生区以外的区域养殖。四是对野外误捕应进行无害化处理，严禁放回原水域。

（熊波　西南大学）

7. 欧鲇 ｜ *Silurus glanis*

【英文名】wels catfish。

【俗　名】欧洲六须鲇。

【分类检索信息】鲇形目 Siluriformes，鲇科 Siluridae，鲇属 *Silurus*。

【主要形态特征】身体细长，前部较高、宽大，后部低而侧扁。头部中等大，扁平。眼小。口亚上位；下颌较上颌突出；口裂较深，末端可达眼球中部；两颌有多列细尖齿，有须3对，颌须1对较长，向后延伸超过胸鳍，颐须2对较短。体表光滑无鳞。侧线完整，贯穿体侧正中。胸鳍较圆，有短的硬棘；背鳍小，丛状；臀鳍长，直达尾部；尾鳍上下叶不等长，上叶明显长于下叶。体背侧灰褐色或灰黑色，腹部白色（图2-64）。

图2-64　欧鲇成体

【与相近种的比较鉴别】见表2-17和图2-65。

表2-17　欧鲇和近似种比较

种类	胸鳍鳍棘	须的数量和形态
欧鲇	前缘光滑，后缘有细弱突起	3对，颌须1对较长，向后延伸达腹鳍中部，颐须2对较短
鲇	前缘有明显锯齿	2对，颌须较长，向后伸达胸鳍基后端，颐须短
大口鲇	前缘有2～3排颗粒状突起	2对，颌须较长，向后伸达腹鳍起点，颐须短
怀头鲇	前后缘光滑	3对，颌须长，向后伸可超过臀鳍起点

欧鲇

鲇

大口鲇

怀头鲇

图2-65　欧鲇和近似种比较

【引种来源】1957年苏联鱼类学者在引种梭鲈时带入23尾欧鲇进入巴尔喀什湖，于1963年发现在湖中形成群体，20世纪70年代末扩散到我国境内的伊犁河，80年代以后成为伊犁河主要经济鱼类之一；1991年湖北省水产科学研究所从德国引种，进行池塘养殖和人工繁殖试验。

【扩散途径】一是自然扩散：在自然水域建立种群后的自我扩散。二是养殖丢弃：部分养殖品种或者生长速度慢的群体被淘汰时的丢弃。

【分布情况】原产于欧洲中部、东部的河流和湖泊，引进到我国后在新疆伊犁河三道河段及伊犁河河口形成自然种群。

【栖息环境】在北方大中型平原河流、湿地或水草丰富的湖泊等生境中可能分布。

【生物学特征】淡水底栖鱼类，生存水温0~36℃，生长适温12~34℃。凶猛性肉食性鱼类，以鱼、虾等水生动物为食，主要猎食鱼类为鳑鲏、麦穗鱼、鲫等。野生种群性成熟年龄3~4龄，体长范围50~70cm，绝对怀卵量1万~48万粒/尾，产卵水温22℃以上，产卵季节为6月，产卵于回水湾的柳树根、芦苇根上。

【可能存在的风险】一是在自然水域中定居的欧鲶，通过竞争性替代，将本土中小型鲶类从其适宜的栖息地排除，影响本土鱼类的生存和繁殖。二是在自然水体中通过大量捕食底栖生物，导致其他鱼类的食物来源减少，从而改变水域生态系统的营养关系。

【防控建议】一是开展欧鲶自然水域中的分布及危害评估。二是提高防控意识，加强对欧鲶引种和养殖推广管理，减少养殖逃逸和养殖丢弃的行为。

（熊波　西南大学）

8. 豹纹翼甲鲶 ｜ *Pterygoplichthys pardalis*

【英文名】Amazon sailfin catfish。

【俗　名】清道夫，琵琶鱼，垃圾鱼，豹纹脂身鲶。

【分类检索信息】鲶形目 Siluriformes，骨甲鲶科 Loricariidae，翼甲鲶属 *Pterygoplichthys*。

【主要形态特征】身体呈半圆筒形。成鱼体长20~30cm。无侧线鳞，体侧仅有4排大鳞。侧宽，背鳍宽大，包括1根硬棘和10~14根软条，尾鳍呈浅叉形，包括14根软条，背鳍和尾鳍之间具1个脂鳍。头部和腹部扁平。体呈暗褐色，全身灰黑色带有黑白相间的花纹，布满黑色斑点。体表粗糙有盾鳞。吻圆钝，口下位，有丰富的吸盘须1对，上颌具发达的颊乳突。胸腹棘刺能在陆地上支撑身体。雌性背体宽，生殖乳突软而柔滑，胸鳍短而圆；雄性背体狭，生殖乳突硬而粗糙，胸鳍长而尖，有追星（图2-66）。

【与相近种的比较鉴别】翼甲鲶属与下口鲶属（*Hypostomus*）形态相似，两者学名常被混用，两者形态上最显著的差别在于背鳍鳍条的数量：豹纹翼甲鲶背鳍鳍条数为10~14，而下口鲶为7~8（表2-18）。

表2-18　豹纹翼甲鲶和下口鲶比较

种类	背板（个）	背鳍硬棘（根）	侧线鳞（枚）	鼻长（mm）
豹纹翼甲鲶	3	10~14	28~29	26~57.2
下口鲶	7~9	7~8	26~28	46~61

图2-66　豹纹翼甲鲇成体

【引种来源】原产于南美洲亚马孙河流域，目前已在美国、墨西哥、南非、东南亚、日本、中国等国家和地区形成入侵。最早于1990年作为观赏鱼引入我国广东省，因喜食水族箱的残饵、污物而起到净化水质的作用，受到消费者的欢迎。伴随着水族贸易，迅速出现在全国各地的水族市场和养殖场，并通过养殖逃逸、放生等方式逃逸至野外。

【扩散途径】一是养殖逃逸：由于洪水、养殖管理不善等造成的养殖逃逸。二是养殖丢弃：身体尺寸过大或因养殖者喜好变化被淘汰时丢弃。三是人为放生：作为放生对象释放到河流、湖泊中。四是自然扩散：在自然水域建立种群后随水流自然扩散。

【分布情况】广泛分布于广东和海南自然水域，并已建立自然种群。在中国西南部、中部、东部和北部省份有零星分布。以广东省为例，除北江外，豹纹翼甲鲇在鉴江、粤西沿海诸河、榕江、东江、西江、珠三角河网主要水系已建立自然种群，部分河流豹纹翼甲鲇占到了渔获物的20%以上。

【栖息环境】包括含氧量丰富的流速快的溪流和流速缓慢的河流（图2-67），以及含氧量低的池塘，能够耐受污染的水体环境。生长适温23～28℃，致死低温为8.8～11℃，喜欢弱酸性软水。

【生物学特征】属热带杂食性底层鱼类，具夜行习性。生长适温23～28℃，生长速率为10cm/a，自然种群中1龄鱼占优势，最大年龄为5龄左右。性成熟年龄为1龄左右，南方地区雌鱼一般在3—9月产卵，绝对怀卵量为636~6 148粒。产卵时需要在河岸处掘洞，将卵产于洞中；亲鱼具护卵行为；产的是球形囊，囊中充满鱼卵，呈橙黄色。偏向于取食不移动的物体，包括水底碎屑物、红色丝状藻、超微型浮游生物等以及鱼类等动物尸体，能够吞食鱼卵。

图2-67 豹纹翼甲鲇分布的生境

【可能存在的风险】一是影响工农业生产。豹纹翼甲鲇繁殖时有打洞的习性，造成河岸及堤坝水土流失；其体表粗糙的盾鳞能够破坏网具，影响渔业生产活动；同时其与底栖经济动物竞争，减少渔获物产量。二是影响生态环境。豹纹翼甲鲇觅食时能够破坏水生植物根系和小型水生动物的栖息地，改变当地水生生物食物链，影响水域生态系统养分循环。

【防控建议】豹纹翼甲鲇已纳入国家重点监管对象或已明确列入外来入侵物种名录，建议禁止引入。已明确豹纹翼甲鲇具有危害性，禁止在开放水域进行各种方式的养殖，严禁投放于开放水体。加强外来物种经营和运输监管，降低外来物种流动扩散风险。豹纹翼甲鲇具有严重危害性，禁止放生（放流）或丢弃。同时加强宣传教育，提高社会公众对其危害的认识，减少人为放生（放流）或丢弃。豹纹翼甲鲇已在广东省大部分水系建立种群，应组织开展针对性的捕捞和灭除，以降低其危害。对野外误捕和社会公共区域发现的外来水生生物物种，应及时报告县级以上渔业主管部门或其授权相关机构，在其指导下进行无害化处理或转移至可控区域，原则上不应放回原水域。

（韦慧 中国水产科学研究院珠江水产研究所）

 鲑形目

1. 大西洋鲑 | *Salmo salar*

【英文名】Atlantic salmon。

【俗　名】三文鱼（挪威三文鱼）。

【分类检索信息】鲑形目 Salmoniformes，鲑科 Salmonidae，鳟属 *Salmo*。

【主要形态特征】鲑形目隶属脊索动物门、脊椎动物亚门、硬骨鱼纲，现有9个亚目25科。广义的三文鱼是对鲑形目下鲑科大麻哈鱼属和鳟属的统一俗称，来自英文salmon；狭义的三文鱼特指大西洋鲑。大西洋鲑、大麻哈鱼和虹鳟均常被称为三文鱼，但可以从肉色及口感上区分。大西洋鲑脂肪相对含量更高，肉色偏橙黄色、表面的白色花纹更白；而太平洋大麻哈鱼属脂肪含量相对较少，因此肉色偏红、表面的白色花纹不明显，故肉色偏橙色的三文鱼为大西洋鲑。虹鳟脂肪含量较低，脂肪纹路较窄，白色的线条边缘明显，即脂肪红白相间明显；另外大西洋鲑由于脂肪含量高，肉表明光泽较亮。

大西洋鲑体延长呈纺锤形，稍侧扁。口斜裂伸达眼后。上下颌有锯齿状利齿，两颌均稍成钩状，下颌较明显，具细齿。尾鳍呈微凹状或平截状。背鳍鳍条10～12。脂鳍与侧线之间有10～13行鳞片。体背部及体背侧为暗蓝色，体腹侧为银白色，腹部为白色。头部及侧线上方的体背侧不规则散布X形黑色斑。脂鳍无黑色外缘，尾鳍无任何斑点。溯河生殖的成鱼，体色会变成棕色或黄色，雄鱼会有大的红色或黑色斑点；上下颌延长并弯曲成深钩状（图2-68）。

图2-68　大西洋鲑成体

【与相近种的比较鉴别】见表2-19和图2-69。

表2-19　几种外来鲑形目物种形态差异性对比

种类	体色	色带	斑点	尾鳍形态
大西洋鲑	体背部及体背侧为暗蓝色,体腹侧为银白色,腹部为白色	无	头部及侧线上方的体背侧不规则散布X形黑色斑。尾鳍无任何斑点	尾鳍呈微凹状或平截状
金鳟	体背部、侧部为黄色或橘黄色,腹部为白色	成鱼从鳃盖后部起沿侧线至尾柄前有一条鲜红或紫红色彩带	—	尾鳍呈平截状
虹鳟	背部和头顶部呈苍青色、蓝绿色、黄绿色或棕色。侧面为银白色、白色、浅黄绿色或灰色。腹部为银白色、白色或灰白色	体侧沿侧线有一条宽而鲜艳的紫红色彩虹纹带,延伸至尾鳍基部	体侧一半或全部布有黑色小斑点	尾鳍呈平截状
美洲红点鲑	可变色,但通常背部为绿色至褐色	每个鳍翅下沿都有一条奶白色裙边,这是美洲红点鲑区别于其他鲑鳟鱼类的主要特征	背部有很多橄榄色蚯蚓状花斑,两侧有橄榄色圆斑。体侧下部有一些红色圆点,外套蓝色圆圈	尾鳍呈微凹状
高白鲑	背部为青灰色,腹部为银白色	无	头部及鳃盖有小斑点	尾鳍深叉状,下叶等于或略长于上叶
细鳞鲑	身体背部黑褐色,背鳍前颜色较深,两侧为淡绛红色,至腹侧渐呈银白色	—	背部及身体两侧侧线鳞以上及脂鳍上还散布多个长圆形黑蓝圆斑	尾鳍浅叉状

【引种来源】2000年由中国水产科学研究院黑龙江水产研究所从美国引进发眼卵孵化。2005年,大连瓦房店市的龙胜海洋渔业养殖有限公司从美国引进了8万粒发眼卵。

【扩散途径】一是养殖逃逸:由于洪水、养殖管理不善等造成的养殖逃逸。二是增殖放流:部分地区作为增殖放流对象投放到自然水域。

【分布情况】原产于大西洋北部、欧洲斯堪的纳维亚半岛和北美的东北部。在原产地有陆封型和洄游型两种。

【养殖概况】大西洋鲑营养丰富、肉味鲜美,属于营养价值高的世界性养殖鱼类,在我国黑龙江、河北、北京、山东、湖北、陕西、四川、青海等地进行过养殖试验,养殖模式有工厂化循环水、水库网箱、流水养殖等。

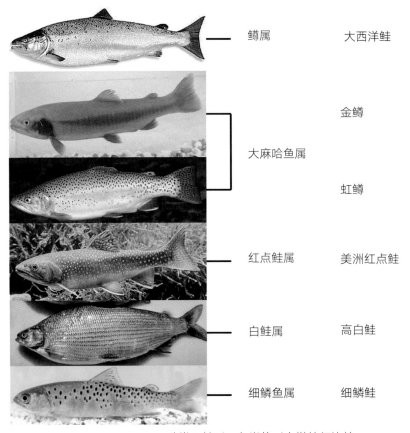

图2-69　几种常见鲑形目鱼类的形态学特征比较

【栖息环境】大西洋鲑有陆封型、洄游型两种，陆封型终生生活在淡水水域，洄游型在繁殖期及幼鱼期生活于淡水中，成鱼阶段生活于海洋中。对水温和水质要求很高，栖息地水温0～20℃，溶解氧在8mg/L以上。

【生物学特征】鱼苗在淡水阶段以石蚕蛾及其幼虫、浮游动物和水蚤类为主要食物；鱼苗银毛化以后以桡足类、小虾为食；在海水中主要以磷虾及其幼体等为食；随着个体的生长，开始摄食小型鱼类，如鲱、胡瓜鱼等；成鲑进入淡水后停止摄食，直到重新洄游到海洋几周或数月后才开始摄食。

大西洋鲑属溯河生殖洄游鱼类，在江河上游的溪流中产卵，产后回到海洋育肥。幼鱼在淡水中生活2～3年，然后下海，在海中生活一年或数年，直到性成熟时再回到出生地产卵。产卵场所选择在水流湍急的沙砾底质的浅水区。洄游时间为4—11月，产卵水温在15℃以下，10～11℃为最佳。雌鱼在到达产卵地后利用尾鳍在河床的沙砾上挖坑做穴，并产卵于其中，雄鱼同时排精，完成受精过程。

【可能存在的风险】受自身生活水温阈的限制，不会任意扩散；但在东北地区可能占据本地鲑科鱼类的生态位。掠食性，造成其他鱼类种群数量减少。

【防控建议】提高防控意识，加强养殖管理，避免养殖逃逸；禁止放流、放生、养殖丢弃等行为。

（罗刚　全国水产技术推广总站、中国水产学会）

2. 金鳟 | *Oncorhynchus mykiss* var. *golden*

【英文名】golden trout。

【俗　名】虹鳟。

【分类检索信息】鲑形目 Salmoniformes，鲑科 Salmonidae，大麻哈鱼属 *Oncorhynchus*。

【主要形态特征】身体呈纺锤形，略侧扁。体色为金黄色，头部无鳞。上下颌骨发达，下颌后部达到或超过眼的后缘。鳃孔大，鳃盖腹面与颊部不相连。身体两侧各有一条深红色的鲜艳色带。口端位，上颌齿两列，下颌齿一列，口裂达眼边缘（图2-70）。

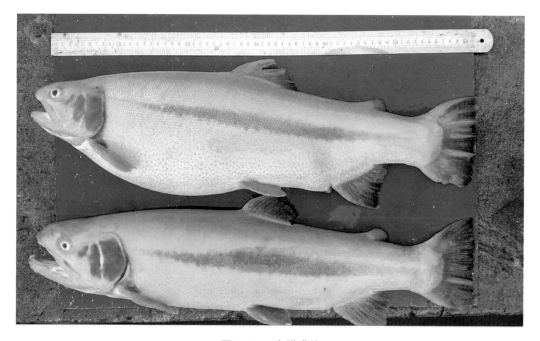

图2-70　金鳟成体

【引种来源】金鳟是虹鳟的变种，是日本从虹鳟的突变种中选育出的金黄色品系，由野生型虹鳟基因突变造成色素细胞内缺乏黑色素的白化体。1996年由中国水产科学院黑龙江水产研究所从日本引进。

【扩散途径】养殖逃逸：由于洪水、养殖管理不善等造成的养殖逃逸。

【分布情况】系选育品系，无自然分布。

【养殖概况】金鳟肉味鲜美，营养丰富，刺少肉多，食用价值极高，其销售价格往往是一般虹鳟的2倍左右，是集观赏、游钓、美食于一体的优良养殖对象。适合在网箱中集约化养殖，也适于水库散养、恒温的山泉水中筑池养殖、冷水性水库中大面积围网垂钓放养，在甘肃、北京、吉林、黑龙江、云南、山东等地均有养殖。甘肃省还成功培育出具有地方特色的水产养殖新品种——甘肃金鳟。

【栖息环境】喜栖息于水质较清澈，溶解氧较高且流量大的水域。耐温范围广，生长水温为3～24℃，最适水温12～18℃。对水中溶解氧要求较高，溶解氧低于3mg/L便可致死。

【生物学特征】属于偏肉食性的杂食性鱼类，纯系金鳟摄食较缓慢，杂交鳟的摄食较旺盛。喜食水生昆虫，近水、落水陆生昆虫和小型鱼类。金鳟生活习性和虹鳟相似，但比虹鳟温顺、安静，抢食能力较虹鳟弱，单一放养金鳟养殖要比和虹鳟一起混养好。

性成熟年龄和产卵季节因其生活的地理环境和水温有较大的差异，在适宜的水温范围内水温越高性成熟越早，金鳟性成熟年龄一般在2～4龄，产卵期为11月中旬至翌年2月，鱼卵为端黄卵、沉性。

【可能存在的风险】受自身生活水温阈的限制，不会任意扩散；但可能占据本地鲑科鱼类的生态位。掠食性，造成其他鱼类种群数量减少。

【防控建议】提高防控意识，加强养殖管理，避免养殖逃逸；禁止放流、放生、养殖丢弃等行为。

（罗刚 全国水产技术推广总站、中国水产学会）

3. 虹鳟 | *Oncorhynchus mykiss*

【英文名】rainbow trout。

【俗　名】三文鱼（淡水三文鱼）

【分类检索信息】鲑形目 Salmoniformes，鲑科 Salmonidae，大麻哈鱼属

Oncorhynchus。

【主要形态特征】体呈长形，头小、吻圆，吻端平直。口端位，口裂大，上下颌骨发达，上有细小而尖锐的细齿。鳞小。背部和头顶部呈苍青色、蓝绿色、黄绿色或棕色。侧面呈银白色、白色、浅黄绿色或灰色。腹部呈银白色、白色或灰白色。体侧沿侧线有一条宽而鲜艳的紫红色彩虹纹带，延伸至鱼尾鳍基部，故名虹鳟。体侧一半或全部有黑色小斑点。背部有一脂鳍（图2-71）。

图2-71　虹鳟成体

【引种来源】1874年虹鳟被首次从自然水域移往美国东海岸进行饲养，以后逐步被世界各国引进。1959年由中国水产科学研究院黑龙江水产研究所从朝鲜引进，此后，中国海洋大学等单位相继引进。

【扩散途径】一是养殖逃逸：由于洪水、养殖管理不善等造成的养殖逃逸。国内已发现从养殖池塘逸出到河流生长的个体。二是增殖放流：部分地区作为增殖放流对象投放到自然水域。例如新疆先后向赛里木湖、博斯腾湖、柴窝堡湖投放虹鳟进行增殖。柴窝堡湖2000年投放虹鳟鱼种后，几年来每年都能捕获到虹鳟，从2004年采集的样本看，体重在154～954g，说明虹鳟在柴窝堡湖内可繁殖。

【分布情况】原产于北美洲的太平洋沿岸，主要分布在落基山脉以西、阿拉斯加至墨西哥西北部的水域中。

【养殖概况】虹鳟人工养殖已遍及世界五大洲，成为当今世界上分布最为广泛的养殖鱼类之一。在我国，虹鳟养殖现已遍布黑龙江、吉林、辽宁、山东、河北、陕西、甘肃、浙江、新疆、四川、贵州、湖北、云南等地。主要采用池塘流水养殖，自然水温适宜的地区采用网箱养殖、围栏养殖以及湖泊和水库增养殖。

【栖息环境】冷水性鱼类，对水质要求较高，喜栖息于水质较清澈、溶解氧较高且流量大的水域。耐温范围广，可耐受水温范围为0~30℃，生长水温为3~24℃，最适水温12~18℃。对水中溶解氧要求较高，溶解氧低于3mg/L便可致死。

【生物学特征】广盐性鱼类，既能在淡水中生活，又能在半咸水和海水中生长。肉食性鱼类，幼体阶段以摄食浮游动物、底栖动物、水生昆虫为主；成鱼阶段以鱼类、甲壳类、贝类及陆生和水生昆虫为食，也食水生植物叶子和种子。

雌鱼3龄开始性成熟，雄鱼为2龄。成熟的亲鱼喜选择具有沙砾底质、水质澄清、水流较急的河床作为产卵场。产卵水温4~13℃，最适水温8~12℃。多次产卵类型，卵沉性。

【可能存在的风险】虹鳟受自身生活水温阈的限制，不会任意扩散；但可能占据本地鲑科鱼类的生态位。掠食性，造成其他鱼类种群数量减少。虹鳟是世界上引种养殖最广泛的鱼种，原产于北美洲的太平洋沿岸，主要生活在低温淡水中，已成为养殖和垂钓水产业引进最多的物种。在国外一些地区，已经发现引入虹鳟的影响，主要是它们能通过掠夺与竞争影响原生鱼类与无脊椎动物。

虹鳟现已在龙羊峡、拉西瓦、李家峡、康扬、公伯峡水库等黄河上游干流部分河段形成自然繁殖群体，产卵场位于水库的回水区，其食物组成包括水生无脊椎动物和高原鳅等土著鱼类。

除虹鳟外，鲑科其他鱼类在适宜的环境中也可能成为外来入侵物种。其中褐鳟已被列为世界十大入侵最严重的鱼类之一。褐鳟运动能力超强，能跃出水面1m多高，习惯于逆流而上。为了繁殖，它们不惜与本地其他鳟鱼杂交，严重威胁本地鱼类的基因延续性。该鱼广泛分布于欧洲，借由水产业引进并散布至全球，养殖供游钓渔业用。通过掠食或食物竞争取代其他鲑科鱼类，它会极度地降低当地原生的鱼类种群数量。该鱼原分布于挪威至北非及爱尔兰至俄罗斯，目前已引至北美、南美、澳大利亚、新西兰、非洲及印度。据记载，我国西藏的亚东鲑（*Salmo trutta fario*），是由英国人1866年自欧洲带到喜马拉雅山南侧的，实际上就是褐鳟（山溪高尾鲑，河鳟）。该鱼属于冷水鱼，只生长在海拔2 400~3 800m的河道内，水温不能超过15℃，因此在中国西藏的分布只见于亚东（卓姆河）。

【防控建议】提高防控意识，加强养殖管理，避免养殖逃逸；禁止放流、放生、养殖丢弃等行为；已出现定居种群的区域应组织开展针对性的捕捞，以降低其危害。

（罗刚 全国水产技术推广总站、中国水产学会）

4. 美洲红点鲑 | *Salvelinus fontinalis*

【英文名】brook trout。

【俗　名】七彩鲑鱼、溪红点鲑。

【分类检索信息】鲑形目 Salmoniformes，鲑科 Salmonidae，红点鲑属 *Salvelinus*。

【主要形态特征】体表光滑，色彩艳丽，其背部有很多橄榄色蚯蚓状花斑，两侧有橄榄色圆斑。身体两侧的下部还有一些红色的圆点，每个红色圆点又套在一个蓝色的圆圈里。鱼鳞细小，每个鳍翅下沿都有一条奶白色裙边，这是美洲红点鲑区别于其他鲑鳟的主要特征。与国内本土的花羔红点鲑的区别是花羔红点鲑体侧有小的橙色斑点，体背部有散状白色斑点。胸鳍、臀鳍及尾鳍下叶边缘呈橙色（图2-72、图2-73）。

图2-72　美洲红点鲑成体

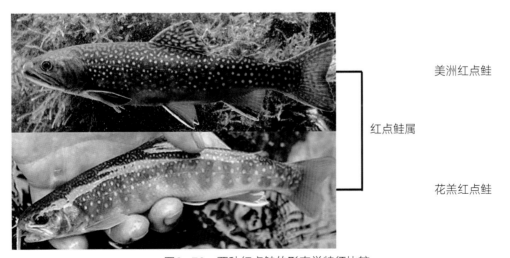

美洲红点鲑

红点鲑属

花羔红点鲑

图2-73　两种红点鲑的形态学特征比较

【引种来源】2005年由山东省淄博市从美国引进进行试验养殖。

【扩散途径】一是养殖逃逸：由于洪水、养殖管理不善及水库放水等造成的养殖逃逸。二是增殖放流：部分地区作为增殖放流对象投放到自然水域。

【分布情况】分布在加拿大东部的拉布拉多地区以及美国的大西洋海岸、五大湖和密西西比河流域到明尼苏达州与佐治亚州北部。

【养殖概况】食性杂（对饲料中蛋白含量要求比虹鳟低）、生长速度快（相同条件下比虹鳟快10%～20%）、肉质鲜美，可在低温下正常活动和摄食，并且具有较强的抗病力，是我国冷水鱼养殖中除虹鳟、金鳟之外，养殖数量最多的一种。截至目前，除主要分布在吉林、辽宁、黑龙江、河北、山东、山西等地之外，云南、甘肃、内蒙古、宁夏、陕西、四川等地也陆续开始出现养殖。自引入我国之后，目前已基本实现全人工养殖，养殖方式也呈现多元化，如土池、水泥池流水养殖，网箱养殖以及循环水养殖等。

【栖息环境】喜在清澈、寒冷、富氧、低流速的小溪或湖泊中，可耐受水温范围为1～22℃，最佳生长水温为13～18℃。耐受酸碱范围较广，可在pH 4.0～9.8的范围内生存。对溶解氧的要求在6mg/L以上。

【生物学特征】一般在早春、夏季和深秋逆流而上迁移；在春末和秋天顺流迁移。在春天河水温度升高时游到大海里，可以在海里停留3个月。食性较杂，包括蠕虫、水蛭、甲壳类动物、昆虫、软体动物、鱼类以及两栖动物，偶尔也吃一些小型的哺乳动物。

生命周期为4～6年，最多不超过15年。2～3年达到性成熟。产卵季节集中在每年的9—12月。成熟个体每千克体重怀卵量2 000～3 000粒，卵径3.5mm，色泽略淡于虹鳟。在8～10℃水温下，45～50d可以破膜，而在3℃水温下，破膜时间约为160d。

【可能存在的风险】受自身生活水温阈的限制，不会任意扩散；体质强健，拼抢凶猛，嘴大牙坚，咬合有力，可能占据本地鲑科鱼类的生态位；掠食性，捕食土著种类，造成其他鱼类种群数量减少。据唐文家等人的调查，在茨哈峡至积石峡等黄河上游干流部分河段曾有捕获。

【防控建议】提高防控意识，加强养殖管理，避免养殖逃逸；禁止放流、放生、养殖丢弃等行为。

（罗刚　全国水产技术推广总站、中国水产学会）

5. 高白鲑 | *Coregonus peled*

【英文名】peled。

【分类检索信息】鲑形目 Salmoniformes，鲑科 Salmonidae，白鲑属 *Coregonus*。

【主要形态特征】体长且高，体侧扁平。头小，吻尖，口端位，上下颌等长或下颌稍突出。口裂斜，口裂后缘达眼前缘下方。眼中等大，侧上位。鳃盖膜有7~9个鳃弧，与颊部连接。体被圆鳞，鳞小，颊部与胸鳍、腹鳍腋基无鳞。腹部圆，侧线完全。背鳍与腹鳍起点相对或腹鳍稍后。有脂鳍。脂鳍与臀鳍后部相对。臀鳍基较长。尾鳍深叉状，下叶等于或略长于上叶。第一鳃弓内鳃耙退化无痕迹，外鳃耙呈梳状。侧线鳞82~89。背部青灰色，腹部银白色，头部及鳃盖有小斑点（图2-74、图2-75）。

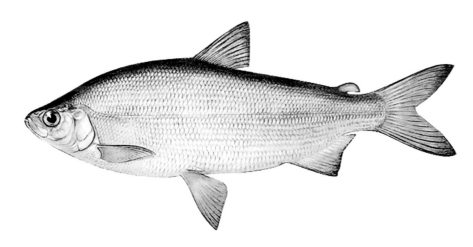

图2-74 高白鲑（模式图）

图2-75 高白鲑成体

【与相近种的比较鉴别】见图2-76。与原产于俄罗斯西伯利亚地区的凹目白鲑（又名秋白鲑，*Coregonus autumnalis*）和原产于我国黑龙江水系的乌苏里白鲑（*Coregonus ussuriensis*）的区别是：凹目白鲑体形修长，眼睛较大；乌苏里白鲑侧线鳞为86～92，背鳍、脂鳍和尾鳍稍带浅黄色，胸鳍、腹鳍和臀鳍为灰黄色。

图2-76　高白鲑和相近种比较

【引种来源】1985年由中国水产科学研究院黑龙江水产研究所首次从日本引进高白鲑发眼卵20万粒。近几年我国从俄罗斯等国陆续引进了较多批次的高白鲑发眼卵。

【扩散途径】一是养殖逃逸：由于洪水、养殖管理不善及水库放水等造成的养殖逃逸。二是增殖放流：部分地区作为增殖放流对象投放到自然水域。三是自然扩散：在自然水域建立种群后的自我扩散。

【分布情况】原分布在北纬50°以北的俄罗斯境内，梅津河至科雷马河一带的湖泊，尤其多见于俄罗斯西伯利亚鄂毕河流域。在中国，博尔塔拉蒙古自治州赛里木湖早年无任何鱼类生存，经过多年研发，从1998—2003年连续6年从俄罗斯引进高白鲑和凹目白鲑发眼卵2 940万粒，通过孵化向赛里木湖投放高白鲑、凹目白鲑鱼苗1 400万尾。至2002年年底，赛里木湖中高白鲑雄性平均体重1.9kg，雌性平均体重2.2kg，最大个体3.6kg。

【养殖概况】高白鲑由于其肉质鲜美，脂肪含量高，出肉率高，食性以浮游动物为主，抗逆性强等优点，适宜于大型冷水性水域养殖。目前国内已人工繁育成功，在我国东北、西北深水湖泊、水库中大量养殖。

【栖息环境】冷水性鱼类，喜栖息于水质清澈、水量充沛、氧气充足的河流、湖泊里。

但对栖息的环境条件可塑性较强，在水温1～28℃的范围内可正常生活，最适温度比一般冷水性鱼类广（15～25℃），适宜盐度0.2～6。高白鲑可分为三种类型，即河流型、湖泊型、河湖型。

【生物学特征】滤食性鱼类，以浮游动物（主要为甲壳类）、底栖生物（尤其是昆虫幼虫、贝类以及海藻）以及水面上的昆虫为食。3～6龄时首次产卵，雄鱼比雌鱼早成熟一年，多数雌鱼每年均可产卵。产卵期受当地气候影响为秋季至初冬，产于湖泊浅滩的硬沙岩、细沙、粗沙或河流中的石底。在北方的湖泊中，产卵在冰下进行。产卵场受到冰的厚度和水位变化的影响，深度通常为1～3m。产卵期持续12～16d，在2～3℃的条件下产卵。高白鲑是由二倍体经双二倍体演化而成的四倍体鱼类，遗传多样性不高。

【可能存在的风险】一是在自然水域中定居的高白鲑，通过竞争性替代，将本土鱼类从其适宜的栖息地排除，影响本土鱼类的生存和繁殖；二是食量大，在自然水体中通过大量捕食藻类和浮游生物，导致其他鱼类的食物来源减少，从而改变水域生态系统的营养关系，另外浮游生物和藻类数量的减少也会导致水域生态系统结构和功能的改变。

【防控建议】提高防控意识，加强养殖管理，避免养殖逃逸；禁止放流、放生、养殖丢弃等行为。

（罗刚　全国水产技术推广总站、中国水产学会）

八　鳉形目

食蚊鱼 ｜ *Gambusia affinis*

【英文名】mosquitofish。

【俗　名】大肚鱼、柳条鱼。

【分类检索信息】鳉形目 Cyprinodontiformes，胎鳉科 Poeciliidae，食蚊鱼属 *Gambusia*。

【主要形态特征】体呈长形，略侧扁，体型小，一般大小为1～5cm，极少能达到6cm，雄鱼稍细长；雌鱼腹缘圆凸，雄性个体臀鳍鳍条在繁殖季节可特化形成交配器，并将精子输送到雌性体内。口小，上位，口裂横直。齿细小。头和身体均被圆鳞。无侧线。雄鱼臀鳍第3至第5鳍条延长，变形为输精器。尾鳍圆形。形似柳条，故又称柳条鱼。尾柄宽长，雄性鱼色泽鲜艳（图2-77）。

图2-77　食蚊鱼成体

【与相近种的比较鉴别】见表2-20和图2-78。

表2-20　食蚊鱼与青鳉的形态区别

种类	臀鳍分支鳍条数	尾柄长	雄性臀鳍鳍条是否延伸为交配器
食蚊鱼	3~7	大于头长	是
青鳉	16~25	小于头长	否

【引种来源】原产于中美洲、北美洲，用于生物防控。由于被认为可用来控制蚊子的繁衍和疟疾的传播，而被世界多个国家和地区大量引种。

【扩散途径】自然扩散。

【养殖概况】主要作为饵料生物而有部分养殖。

【分布情况】在我国南方大部分水系均有分布。

【栖息环境】广泛生活于沟渠、溪流、池塘和浅水湖泊中。

图2-78 食蚊鱼和青鳉的形态差异图（海南省海洋与渔业科学院申志新 供图）

【生物学特征】对各种环境因子的适应范围广，对水温、盐度、溶解氧等各种环境因子具有较高的耐受性；食蚊鱼幼鱼1～2个月即可达到性成熟，繁殖期可达半年，产卵间隔为28～30d，平均一个繁殖季节可产卵6窝以上；精子由雄鱼交配器送入雌鱼生殖孔，在体内受精、孵化；杂食性，食性广，主要以浮游动物和小昆虫为食。

【可能存在的风险】一是加剧食物竞争造成虾蟹等大型无脊椎动物及土著鱼类数量减少。二是直接捕食土著鱼类的鱼卵或鱼苗，导致其他物种的濒危甚至灭绝。三是捕食蝌蚪，对两栖类的数量产生影响。四是大量捕食浮游动物，使浮游植物大量繁殖生长，导致水质下降。五是对土著物种的捕食和竞争作用，影响食物链和食物网。六是由于强烈的竞争力，导致食蚊鱼入侵的地方青鳉、麦穗鱼等濒临灭绝。

【防控建议】一是提高公民意识，避免人为传播和引种。二是采取相关措施进行集中捕杀。

（顾党恩 中国水产科学研究院珠江水产研究所）

 九 鲈形目

1. 尼罗罗非鱼 | *Oreochromis niloticus*

【英文名】Nile tilapia。

【俗　　名】罗非鱼、福寿鱼、非洲鲫鱼、非洲仔。

【分类检索信息】鲈形目 Perciformes，丽鱼科 Cichlidae，口孵罗非鱼属 *Oreochromis*。

【主要形态特征】体较高、侧扁，长椭圆形。眼中等大，上侧位。吻钝。口前位。侧线中断分成上下两段，上行侧线在背鳍后基下方中断；下行侧线始于上行侧线后部下方，伸达尾鳍基（图2-79）。

图2-79　尼罗罗非鱼

【与相近种的比较鉴别】见表2-21和图2-80。

表2-21　尼罗罗非鱼与其他罗非鱼的形态差异

种类	尾鳍花纹	背鳍硬棘数	体侧条纹	腹部颜色
尼罗罗非鱼	线条状垂直排列	16~18，17居多	8~10条	黑
奥利亚罗非鱼	不规则的灰黑色斑块	15~16	8~10条	蓝黑
齐氏罗非鱼	不规则的斑点	15~16	8~10条	红色
伽利略罗非鱼	尾鳍无斑点或条纹	14~16	5~7条	与体色一致

【引种来源】原产于非洲东部和中东，1978年7月首次由中国水产科学研究院长江水产研究所从尼罗河苏丹境内引进22尾，同年湖北省又引进30尾。由于尼罗罗非鱼具有良好

的生长性能，很快替代了1957年引进的莫桑比克罗非鱼，并在我国得到广泛推广。此后，1985年湖南省水产局、上海海洋大学等多家单位又从埃及、苏丹、美国、泰国等地引进了几个批次的尼罗罗非鱼，这些共同构成了我国罗非鱼养殖品种的最初来源。

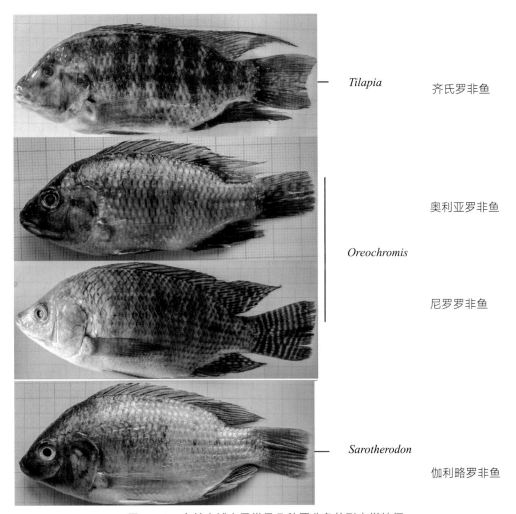

图2-80　自然水域中最常见几种罗非鱼的形态学特征

【扩散途径】一是养殖逃逸：由于洪水、养殖管理不善等造成的养殖逃逸。二是养殖丢弃：价格低潮时更换养殖品种后的遗弃，部分养殖品种或者生长速度慢的群体被淘汰时的丢弃。三是增殖放流：部分地区作为增殖放流对象投放到自然水域。四是人为放生：作为放生对象释放到河流湖泊中。五是自然扩散：在自然水域建立种群后的自我扩散。

【分布情况】广泛分布于华南地区的广东、广西、福建、云南和海南等地的自然水域，并已建立自然种群，为该几个省份江河中的常见种，在广东、广西和海南为例，其分布几乎涵盖了所有的自然水域，在所有监测点均有发现，在鉴江、漠阳江、流溪河、南渡江等河流中已成为优势种，部分河流罗非鱼资源量占到了渔获物的20%以上。目前，尼罗罗非鱼在其他地区的自然水域也有分布但大部分不能越冬，并无法形成自然种群。

【养殖概况】目前，罗非鱼为我国的主要水产养殖品种之一，2016年在我国的年产量为1 866 381t，长期居世界第一位，为我国继草鱼、鲢、鳙、鲤和鲫之后的第六大淡水养殖品种。在我国，尼罗罗非鱼的产量以广东、海南、广西、云南、福建5个省份最多，2016年产量分别为775 318t、378 896t、316 295t、182 895t和142 925t，这5个省份共占到了全国产量的96%。

【栖息环境】在大江大河、溪流沟渠和湖泊湿地等各种生境中均有分布（图2-81）。

A.人为影响较小的河流　B.人为干扰较大的河流　C.沼泽　D.沟渠

图2-81　尼罗罗非鱼分布的生境

【生物学特征】尼罗罗非鱼的适宜温度为16～42℃，最适温度为24～32℃，对低温的耐受力低，低于10℃下很难越冬。对环境的适应能力强，在其他鱼类难以生存的水体也能正常生活、生长和繁殖，对溶解氧的要求低。生长速度快，在淡水养殖条件下，尼罗罗非鱼是现有养殖的罗非鱼中生长最快的一个种类。繁殖能力强，3～4个月可达到性成熟，怀卵量多，繁殖量大，亲鱼有护幼行为，后代存活率高。杂食性，食物来源广，可取食藻类和浮游生物，食量大。对疾病的抵抗力强，生存能力强。

【可能存在的风险】一是在自然水域中定居的尼罗罗非鱼，通过竞争性替代，将本土鱼类从其适宜的栖息地排除，影响本土鱼类的生存和繁殖。二是食量大，在自然水体中通过大量捕食藻类和浮游生物，导致其他鱼类的食物来源减少，从而改变水域生态系统的营养关系，另外浮游生物和藻类数量的减少也会导致水域生态系统结构和功能的改变。三是在自然水域中，捕食本土鱼类的卵和幼鱼，影响本土鱼类的生存和种群的延续。四是尼罗罗非鱼的挖掘和扰动行为，引起自然水域水体混浊，导致光合作用的减弱，减少水域生态系统的能量来源。

【防控建议】一是开展自然水域中尼罗罗非鱼的危害评估，加强宣传教育，提高对尼罗罗非鱼的认识，减少人为放生。二是提高防控意识，加大对尼罗罗非鱼养殖的管理，减少养殖逃逸和养殖丢弃的行为。三是优化养殖结构布局，推进其在适生区以外的区域养殖。四是开展针对性的控制实践，对危害农业生产或严重影响水域生态环境的尼罗罗非鱼开展定点防控（图2-82）。

图2-82　尼罗罗非鱼的特异性杀灭

（顾党恩　中国水产科学研究院珠江水产研究所）

2. 齐氏罗非鱼 ｜ *Tilapia zillii*

【英文名】redbelly tilapia。

【俗　名】吉利罗非鱼、红腹罗非鱼、福寿鱼、非洲鲫鱼、非洲仔。

【分类检索信息】鲈形目 Perciformes，丽鱼科 Cichlidae，罗非鱼属 *Tilapia*。

【主要形态特征】身体延长而侧扁，头中大，无须。眼中大，上侧位。口端位，口裂不及眼眶前缘。非繁殖期时，身体顶部为深橄榄绿色，体侧为淡橄榄绿至黄棕色，常有蓝色光泽。唇部为亮绿色，胸部为粉红色。鱼鳍为橄榄色，覆盖着黄色斑点，背鳍和臀鳍的边缘有橙色薄带。尾鳍一般为淡灰色，整个尾鳍分布有间隔的斑点。成鱼尾鳍有一个黑色斑块，斑块外缘为黄色。幼鱼时期，整个尾鳍呈黄色到灰色，没有斑点，随着体长的增加，尾鳍变为灰色，出现斑点。繁殖期时，身体顶部和体侧为具有光泽的深绿色，喉部和腹部为红色和黑色，身体两侧有明显的纵带。头部变成深蓝色到黑色，有蓝绿色的斑点（图2-83、图2-84）。

图2-83　齐氏罗非鱼（海南省海洋与渔业科学院申志新　供图）

图2-84　齐氏罗非鱼（标本图）

【引种来源】原产于非洲和中东，我国于1978由广东食品公司从泰国引进。

【扩散途径】一是养殖丢弃：由于生长缓慢逐渐被淘汰，淘汰后的个体被丢弃到自然水域。二是自然扩散：在自然水域建立种群后的种群迁移和扩张。

【分布情况】为我国自然水域中最常见的两种罗非鱼之一（另一种为尼罗罗非鱼），广泛分布于华南地区的珠江（东江、西江、北江）、韩江、闽江、九龙江、漠阳江、鉴江等河流，并已建立自然种群，以福建和广东、北部的韩江、北江和东江数量最多。

齐氏罗非鱼在我国的分布区域与尼罗罗非鱼大致重叠，种群规模大致相当，但在分布区的北侧，齐氏罗非鱼的数量显著高于尼罗罗非鱼，在海南及广东西南部，尼罗罗非鱼数量显著高于齐氏罗非鱼，图2-85为渔获物中的罗非鱼。

图2-85　渔获物中的齐氏罗非鱼

【养殖概况】抗寒性强，但生长速度较慢，加上个体相对较小，现已被其他引进的罗非鱼品种所取代，国内少见有养殖。

【栖息环境】在大江大河、溪流沟渠和湖泊湿地等各种生境中均有分布。

【生物学特征】耐低温能力高于尼罗罗非鱼等其他罗非鱼品种。生长速度较慢，个体较小。环境适宜性强，对水质要求不高。杂食性鱼类，幼鱼偏向肉食性，摄食各种底栖动物。成年鱼偏向于草食性，主要摄食水生植物。繁殖能力强，产卵量大于尼罗罗非鱼，亲鱼有护幼行为，但不口孵。

【可能存在的风险】一是通过竞争性替代，将本土鱼类从其适宜的栖息地排除，影响本土鱼类的生存和繁殖。二是在自然水域中，捕食本土鱼类的卵和幼鱼，影响本土鱼类的生存和种群的延续。三是大量取食水草等水生生物，影响水域生态系统的稳定。

【防控建议】一是加强齐氏罗非鱼的野外调查监测，掌握其种群动态和影响因素，为以后的防控积累基础数据（图2-86）。二是开展自然水域中齐氏罗非鱼的危害评估，加强科普宣传（图2-87）。三是开展针对性的控制实验，筛选特异性的网具或药物开展定点防控。

图2-86 齐氏罗非鱼分布区和资源量调查

图2-87 齐氏罗非鱼等外来鱼类科普宣传

（顾党恩 中国水产科学研究院珠江水产研究所）

3. 奥利亚罗非鱼 | *Oreochromis aureus*

【英文名】bule tilapia。

【俗　名】罗非鱼、福寿鱼、非洲鲫鱼、蓝罗非鱼、紫金彩鲷。

【分类检索信息】鲈形目 Perciformes，丽鱼科 Cichlidae，口孵罗非鱼属*Oreochromis*。

【主要形态特征】尾鳍具有不规则的灰黑色斑块。背鳍硬棘条数为15～16。腹部蓝色。背鳍的末端具有一个不规则的黑色斑块。体侧具有8～10条黑色条纹（图2-88、图2-89）。

图2-88 奥利亚罗非鱼（海南省海洋与渔业科学院申志新 供图）

图2-89 奥利亚罗非鱼（标本图）

【引种来源】原产于非洲，1981 年由广州市水产研究所引进。主要作为杂交亲本使用。

【扩散途径】一是养殖逃逸：由于洪水、养殖管理不善等造成的养殖逃逸。二是养殖丢弃：选育后淘汰的个体被丢弃到自然界中。

【分布情况】相比于尼罗罗非鱼和齐氏罗非鱼，奥利亚罗非鱼的分布较为分散，且数量较少，只在珠三角西江流域、鉴江、海南有零星分布。

【养殖概况】目前我国直接养殖的奥利亚罗非鱼较少，一般作为亲本与尼罗罗非鱼进行杂交，我国养殖的罗非鱼中95%以上为尼罗罗非鱼及尼罗罗非鱼和奥利亚罗非鱼的杂交种。

【栖息环境】在大江大河、溪流沟渠和湖泊湿地等各种生境中均有分布记录。

【生物学特征】对低温的抵抗力较强，是罗非鱼中比较耐寒的品系。对环境的适应能力强，在其他鱼类难以生存的水体也能正常生活、生长和繁殖，对溶解氧的要求低。生长速度相对较慢。繁殖能力强，3~4个月可达到性成熟，怀卵量多，繁殖量大，亲鱼有护幼行为，后代存活率高。杂食性，食物来源广，可取食藻类和浮游生物，食量大。对疾病的抵抗力强，生存能力强。

【可能存在的风险】一是通过竞争性替代，将本土鱼类从其适宜的栖息地排除，影响本土鱼类的生存和繁殖。二是在自然水域中，捕食本土鱼类的卵和幼鱼，影响本土鱼类的生存和种群的延续。

【防控建议】一是开展自然水域中奥利亚罗非鱼的危害评估，加强宣传教育，提高对罗非鱼的认识，减少人为放生。二是提高防控意识，加强对奥利亚罗非鱼养殖的管理，减少养殖逃逸和养殖丢弃的行为。

（顾党恩 中国水产科学研究院珠江水产研究所）

4. 莫桑比克罗非鱼 | *Oreochromis mossambicus*

【英文名】Mozambique tilapia。

【俗　名】罗非鱼、福寿鱼、非洲鲫鱼、非洲仔。

【分类检索信息】鲈形目 Perciformes，丽鱼科 Cichlidae，口孵罗非鱼属 *Oreochromis*。

【主要形态特征】与尼罗罗非鱼相比，莫桑比克罗非鱼体表条纹不明显，尾鳍具有黑色不规则斑点，不呈垂直状。头部背面呈内凹，尾柄高约等于尾柄长。喉、胸部暗褐色，背鳍边缘红色，腹鳍末端可达臀鳍起点（图2-90）。

图2-90　莫桑比克罗非鱼（海南省海洋与渔业科学院申志新　供图）

【引种来源】原产于非洲莫桑比克等地，1956年由越南引进。

【扩散途径】一是养殖逃逸：由于洪水、养殖管理不善等造成的养殖逃逸。二是养殖丢弃：价格低潮时更换养殖品种后的遗弃，部分养殖品种或者生长速度慢的群体被淘汰时的丢弃。

【分布情况】分布较零散，主要分布在粤西和海南等地，野外纯种较少见，多为莫桑比克罗非鱼和尼罗罗非鱼的杂交后代。

【养殖概况】由于莫桑比克罗非鱼个体小，耐寒能力差，雌雄个体生长差异大，肉质较差，而逐渐被尼罗罗非鱼淘汰。

【栖息环境】在大江大河、溪流沟渠和湖泊湿地等各种生境中均有分布。

【生物学特征】耐寒能力较差。对环境的适应能力强，在其他鱼类难以生存的水体也能正常生活、生长和繁殖，对溶解氧的要求低。个体相对较小。繁殖能力强，3～4个月可达到性成熟，怀卵量多，繁殖量大，亲鱼有护幼行为，后代存活率高。杂食性，食物来源广，可取食藻类和浮游生物，食量大。对疾病的抵抗力强，生存能力强。

【可能存在的风险】一是通过竞争性替代，将本土鱼类从其适宜的栖息地排除，影响本土鱼类的生存和繁殖。二是通过捕食本土鱼类的卵和幼鱼，影响本土鱼类的生存和种群的延续。三是通过挖掘和扰动行为，引起自然水域水体混浊，导致光合作用的减弱，减少水域生态系统的能量来源。

【防控建议】一是开展自然水域中莫桑比克罗非鱼的危害评估，加强宣传教育，提高对罗非鱼的认识，减少人为放生。二是加强养殖监管，防止养殖物种逃逸扩散和随意杂交。三是禁止在天然水域进行养殖。四是加强外来物种防控宣传教育，禁止随意放生（放流）或丢弃等行为。五是野外误捕应进行无害化处理，严禁放回原水域。

（顾党恩　中国水产科学研究院珠江水产研究所）

5. 伽利略罗非鱼 | *Sarotherodon galilaeus*

【英文名】Galilaea tilapia, mango tilapia。

【俗　名】罗非鱼、福寿鱼、非洲鲫鱼、非洲仔。

【分类检索信息】鲈形目 Perciformes，丽鱼科 Cichlidae，刷齿罗非鱼属 *Sarotherodon*。

【主要形态特征】背鳍无斑点或条纹，硬棘数14～16。体侧有5～7个不完全连续的黑色横纹。鳃盖斑终身存在。尾鳍无斑点、无条纹（图2-91）。

【引种来源】1978年由湖北省水产研究所从苏丹引进。

【扩散途径】养殖逃逸：由于洪水、养殖管理不善等造成的养殖逃逸。

【分布情况】原产于非洲，在我国野外数量较少，仅在珠三角、粤西和海南有零星分布。

【养殖概况】生长速度快，个体大，在广东、湖北等地有部分养殖。

【栖息环境】在大江大河、溪流沟渠和湖泊湿地等各种生境中均可生存，目前在我国主要发现于部分河流中。

【生物学特征】对环境的适应能力强，易存活和养殖。生长速度快、个体较大，是罗非鱼中个头较大的种类。繁殖能力强，温度适合条件下，全年可产卵，亲鱼有护幼行为，后代存活率高。杂食性，食物来源广泛。

【可能存在的风险】与尼罗罗非鱼类似。

图2-91 伽利略罗非鱼

【防控建议】一是开展自然水域中伽利略罗非鱼的危害评估，加强宣传教育，提高对罗非鱼的认识，减少人为放生。二是加强养殖监管，防止养殖物种逃逸扩散和随意杂交。三是禁止在天然水域进行养殖。四是加强外来物种防控宣传教育，禁止随意放生（放流）或丢弃等行为。五是野外误捕应进行无害化处理，严禁放回原水域。

（顾党恩 中国水产科学研究院珠江水产研究所）

6. 马那瓜丽体鱼 | *Parachromis managuensis*

【英文名】Guapote tiger。

【俗　名】马拉丽体鱼、淡水石斑、花老虎、美丽罗非鱼。

【分类检索信息】鲈形目 Perciformes，丽鱼科 Cichlidae，丽体鱼属 *Parachromis*。

【主要形态特征】体侧扁，纺锤形。外表与石斑鱼类似，与其他罗非鱼差别较大，躯干两侧各有8～10条黑条纹，垂直的黑条纹中间有一个较大的黑斑。胸鳍淡黄色，腹鳍、背鳍和尾鳍均具有黑色条纹。其他几种常见罗非鱼臀鳍硬棘数为3个，马那瓜丽体鱼为4～5个（图2-92）。

图2-92　马那瓜丽体鱼

【引种来源】原产于中美洲尼加拉瓜。1988年引入我国台湾，1996年广东等地从台湾引进。

【扩散途径】一是养殖逃逸：由于洪水、养殖管理不善等造成的养殖逃逸。二是自然扩散：在自然界建立种群后的自我扩散。

【分布情况】目前野生个体主要分布在海南的主要河流，在广东的东江有零星分布。

【养殖概况】最初作为观赏鱼引进和饲养，后也作为养殖鱼类饲养，在海南和广东等地养殖量较大（图2-93、图2-94）。

【栖息环境】在大江大河和湖泊水库等各种生境中均有分布。

【生物学特征】耐寒能力较差。对环境的适应能力强，耐低氧。个体较大，生长速度快。繁殖能力强，1～2龄可达到性成熟，怀卵量多，繁殖量大。偏肉食性，食量大。对疾病的抵抗力强，生存能力强。

图2-93　渔获物中的马那瓜丽体鱼

图2-94　科研调查采集到的马那瓜丽体鱼

【可能存在的风险】一是通过竞争性替代，将本土鲈形目鱼类从其适宜的栖息地排除，影响本土鱼类的生存和繁殖。二是大量通过捕食本土鱼类的卵和幼鱼，影响本土鱼类的生存和种群的延续。

【防控建议】一是加强监测和调查，掌握其分布规律。二是加强养殖管理，避免养殖逃逸等现象。

（顾党恩　中国水产科学研究院珠江水产研究所）

7. 布氏罗非鱼（非洲十间）| *Heterotilapia buttikoferi*

【英文名】zebra tilapia。

【俗　名】布氏非鲫、非洲十间、布氏鲷、淡水苏眉。

【分类检索信息】鲈形目 Perciformes，丽鱼科 Cichlidae，罗非鱼属 *Heterotilapia*。

【主要形态特征】体侧扁，体被圆鳞，鼻孔左右各一个，口裂宽而唇厚，下颌稍长于上颌，上颌和唇均有两行细密的锉刀状唇齿，鳃盖后方至尾柄有8～9条白色垂直条纹。舌端宽圆，游离。鳃孔大，侧位。各鳍均发达，尤以背鳍更发达，并有多个尖锐的硬棘，尾鳍呈圆扇形，不分叉凹入。背鳍XV～XVI-13～16，腹鳍1+5，臀鳍Ⅲ-10，胸鳍1+11，尾鳍14，各鳍硬棘均很尖锐。侧线分上、下两段，两列侧线鳞共有29～32枚，两侧线相隔鳞片2列。背鳍基部起点与侧线间有鳞片5列，臀鳍基部与侧线间有鳞片11列。各鳞基部边缘均具黑色（图2-95）。

图2-95　布氏罗非鱼

【与相近种的比较鉴别】布氏罗非鱼与驼背非鲫之间的差异见表2-22和图2-96。

表2-22　布氏罗非鱼和驼背非鲫比较

种类	条纹	繁殖方式
布氏罗非鱼	鳃盖后方至尾柄有8~9条白色垂直条纹	非口孵繁殖
驼背非鲫	全身为黑白相间，有6~7条基本等宽等间距的黑色横带	口孵鱼类

【引种来源】原产于非洲西部几内亚、利比里亚沿海的河流和溪流中。于20世纪90年代作为观赏鱼类引入我国。

【扩散途径】一是养殖逃逸：由于养殖管理不善等造成的养殖逃逸。二是养殖丢弃：作为观赏性品种在养殖过程中被遗弃。三是人为放生：作为放生对象释放到河流湖泊中。

【分布情况】原产于非洲西部几内亚、利比里亚沿海的河流和溪流中。在养殖区附近水域偶有发现。

【养殖概况】引进初期是作为观赏鱼品种在养殖场小规模养殖。后因肉质鲜甜，生长迅速而推广养殖成为食用品种。曾在中山、顺德等珠三角地区大规模繁育养殖。目前，布氏罗非鱼作为食用鱼养殖也已近10年，且在我国南北方均有养殖。

布氏罗非鱼

驼背非鲫

图2-96　布氏罗非鱼与驼背非鲫对比

【栖息环境】在湖泊、溪流和河流中均有分布。

【生物学特征】生存水温为14～35℃，适宜水温25～30℃，pH 7.0～8.1。对环境的适应能力较强，适应中性至弱碱性水质，广盐性。生长速度中等，雄性生长速度快于雌性。性成熟年龄约1龄，繁殖无明显季节性，繁殖水温23～30℃，为一年多次产卵类型。杂食性，食物来源广，可取食藻类和浮游生物，食量大。对疾病的抵抗力强。

【可能存在的风险】一是与本地土著种竞争生活空间及饵料资源等，挤占本土物种的生态位。二是造成遗传侵蚀，影响本地种的种质。与其他丽鱼科鱼存在杂交风险，导致基因污染，影响其他鱼类的种质状况。三是布氏罗非鱼繁殖时的挖掘行为，可引起自然水域水体混浊，导致光合作用的减弱，减少水域生态系统的能量来源。

【防控建议】一是加强养殖的管理，减少养殖逃逸和养殖丢弃的行为。二是加强外来物种防控宣传教育，禁止随意放生或丢弃等行为。

（刘奕　中国水产科学研究院珠江水产研究所）

8. 蓝鳃太阳鲈 ｜ *Lepomis macrochirus*

【英文名】bluegill。

【俗　名】蓝鳃太阳鱼、长臂太阳鲈。

【分类检索信息】鲈形目 Perciformes，太阳鱼科 Centrachidae，太阳鲈属 *Lepomis*。

【主要形态特征】体侧扁，较高，头小，尾小。体色偏蓝绿色，背部青灰色，间有灰黑色纵纹，头胸部至腹部呈淡橙红色（图2-97）。鳃盖后缘有一深蓝紫色耳状软膜，故名蓝鳃太阳鲈。

图2-97　蓝鳃太阳鲈（标本图）

【引种来源】原产地于北美五大湖流域，1987年由湖北省水产研究所作为食用和观赏鱼类引进。

【扩散途径】一是养殖逃逸：由于洪水、养殖管理不善等造成的养殖逃逸。二是自然扩散：在自然界建立种群后的自我扩散。

【分布情况】在湖南、湖北、安徽、海南等地均有分布记录。

【养殖概况】最初作为观赏鱼引进和饲养，后也作为养殖鱼类饲养，在海南和广东等地养殖量较大。

【栖息环境】在河流、溪流和湖泊水库等各种生境中均有分布。

【生物学特征】对环境适应性强，属广温、广盐鱼类，适应水温1～40℃，最适水温26～31℃，pH适应范围为6～9.5，耐低氧，能生活于半咸水中。偏肉食性的杂食性鱼类。

【可能存在的风险】该鱼具有极强的侵入性，近年来在广东、广西及其他地区河流屡有发现。在钱塘江水系曾多次捕到蓝鳃太阳鱼，2015年在大别山区滍河流域发现较大的绿太阳鱼野外群体，据分析，其会吞噬其他鱼类的鱼卵和幼鱼，严重威胁其他鱼类的生存繁殖。日本20世纪60年代引入的蓝鳃太阳鱼曾经导致一场生态灾难，这种生存能力极强的鱼迅速繁殖，到2000年已经遍及日本大大小小的湖泊、河流，甚至连东京皇宫护城河都成了它们的地盘，它们疯狂地吞噬当地鱼类和其他水生生物物种，导致日本很多土著鱼类濒临灭绝。

【防控建议】禁止放流、放生、养殖丢弃等行为；严禁在开放水域养殖，包括网箱、围网养殖；在封闭水域养殖也应设置严格的防逃逸措施，并由渔业主管部门定期检查，加强监管；在野外一旦捕获，应立即进行无害化处理。

（顾党恩 中国水产科学研究院珠江水产研究所）

9. 大口黑鲈 | *Micropterus salmoides*

【英文名】largemouth bass。

【俗　名】加州鲈、黑鲈。

【分类检索信息】鲈形目 Perciformes，太阳鱼科 Centrarchidae，黑鲈属 *Micropterus*。

【主要形态特征】体呈纺锤形，侧扁，背稍厚。口裂大、斜裂且超过眼后缘，上颌骨向后延伸至眼后。吻端至尾鳍基部有黑斑，黑斑排列成带状，鳃盖上有3条呈放射状的黑斑，体色浅时黑斑不明显。背鳍硬棘部和软鳍部之间有一小缺刻。侧线完全，沿体侧中部与背鳍平行，后端伸达尾鳍基部。体被细小栉鳞，背部为青绿橄榄色，腹部黄白色。尾为正尾型，尾鳍呈浅凹形（图2-98、图2-99）。

图2-98　大口黑鲈成鱼

图2-99　应激后的大口黑鲈

【引种来源】原产于北美，1983年在我国台湾繁殖成功后作为养殖品种被引入到广东。

【扩散途径】一是人为运输：活鱼运输至全国大部分地区。二是养殖逃逸：养殖场的供水、排水以及突发事件等造成养殖群体逃逸到自然水体。三是自然扩散：水库等地的人为放养群体可能逐渐成为半野生或野生群体并扩散至其他自然水域。

【分布情况】在珠江流域和长江流域均有分布。

【养殖概况】近年来养殖规模急剧扩大，目前已经成为我国主要的淡水养殖鱼类之一。主要养殖地逐步从广东扩大至珠江流域和长江流域的诸多地区。

【栖息环境】喜栖息于沙质且浑浊度低的静水环境，尤其喜栖息于清澈的缓流或湖泊中，在河口浅水区亦有分布。

【生物学特征】温水性鱼类，水温1～36℃范围内均能生存，最适生长温度为20～30℃，10℃以上开始摄食，对水中溶解氧要求较高。肉食性为主，掠食性强，食量大，饵料不足时会互相残杀。人工养殖条件下，性成熟年龄为1龄，有筑巢产卵习性，多次产卵，卵呈淡黄色、黏性、圆球形。

【可能存在的风险】掠食性强，食量大，可捕食其他鱼类和水生动物，危害水生生物资源，降低生物多样性。挤占生态位，对生态系统功能造成影响。

【防控建议】加强养殖场及繁育场管理，防止逃逸；加强入侵风险评估，对适生性较高的湖泊、水库和缓流等自然水域禁止养殖；加强科普宣传，努力减少直至消除大口黑鲈的放生行为。

（罗渡 中国水产科学研究院珠江水产研究所）

10. 云斑尖塘鳢 | *Oxyeleotris marmorata*

【英文名】marble goby。

【俗　名】泰国笋壳鱼。

【分类检索信息】鲈形目 Perciformes，塘鳢科 Eleortridae，尖塘鳢属 *Oxyeleotris*。

【主要形态特征】体前端粗壮呈圆柱状，向后缩小延长，形似笋壳。头宽，稍扁平。口前位，下颌稍突出，口裂大而斜。眼小，不突出，上侧位。头背及腹部被圆鳞，体被栉鳞。无侧线，体侧有类似于侧线鳞的横向突起条纹。胸鳍大，扇形，尾鳍圆形。体色常为黄褐色，体侧有云状斑块（图2-100）。

图2-100　云斑尖塘鳢（海南省海洋与渔业科学院申志新　供图）

【引种来源】原产于泰国、马来西亚等东南亚国家，1988年由广东省从泰国引进。

【扩散途径】养殖逃逸和自然扩散。

【分布情况】主要分布于海南、珠江三角洲及粤西诸河流域，在湖南、湖北等地也有零星分布。

【养殖概况】在广东和海南等地养殖量较大。

【栖息环境】野外主要发现于各种湖泊、水库及水流较缓的河流、溪流（图2-101）。

图2-101　渔获物中的云斑尖塘鳢

【生物学特征】底栖穴居性鱼类。适应性强，对温度适应范围广，有较强的耐低氧性。肉食性为主。性成熟年龄为2龄，为分批产卵类型，年产卵2～4次。

【可能存在的风险】一是挤占生态位，与本地土著种竞争生活空间及饵料资源等。二是直接捕食或消灭其他土著物种。大量捕食小鱼小虾，在对野生个体的解剖中，常见到被吞食的鱼虾。

【防控建议】加强养殖管理，防止养殖逃逸。

（顾党恩 中国水产科学研究院珠江水产研究所）

11. 眼斑拟石首鱼 | *Sciaenops ocellatus*

【英文名】red drum，redfish。

【俗　名】美国红鱼。

【分类检索信息】鲈形目 Perciformes，石首鱼科 Sciaenidae，拟石首鱼属 *Sciaenops*。

【主要形态特征】外形与大黄鱼、黄姑鱼等较为近似，不同之处在于其幼鱼尾柄基部上方有1～4个圆形黑斑，背鳍分支鳍条数少于大黄鱼，尾鳍边缘呈蓝色，成鱼腹部以上体色较红（图2-102、图2-103、表2-23）。

表2－23　眼斑拟石首鱼与近似种形态比较

物种	尾鳍有无黑斑	背鳍分支鳍条数	头部形态
眼斑拟石首鱼	有	21～23	菱形，吻长
大黄鱼	无	31～33	近圆形，吻短

图2-102　眼斑拟石首鱼

图2-103　眼斑拟石首鱼和大黄鱼（上图为大黄鱼，下图为眼斑拟石首鱼）

【引种来源】原产于大西洋美国沿岸及墨西哥湾。作为养殖品种引入我国。

【扩散途径】养殖逃逸、自然扩散和社会放生。

【分布情况】目前主要分布于我国山东沿岸和福建沿岸，其中福建沿岸种群规模较大，有可能已向其他地区扩散。

【养殖概况】在我国山东、福建、浙江、江苏、广东等多个沿海省份均有养殖。

【栖息环境】对温度和盐度适应范围较广，在我国北方沿海和南方沿海海区均能生存。

【生物学特征】适应性强，属广盐、广温、耐低氧、溯河性鱼类，温度适应范围为2～33℃，最适水温为18～30℃；在海水、半咸水和淡水中均能生长；适应pH为6～9，最适pH为7～8。生长速度快。杂食偏肉食性，幼鱼主要摄食浮游动物，成鱼食性较广泛。

【可能存在的风险】一是由于其具有溯河性、侵略性和扩张性的生态特点，极易对其他物种产生影响，另外由于其养殖特点，极易发生养殖逃逸现象，更增加了其风险性。二是生长迅速，对外界环境适应能力强，为广温、广盐性鱼类，食性广泛，对饵料要求不高。我国于1991年开始引进并进行繁殖，养殖范围由南至北不断扩大。三是由于养殖过程中的逃逸和随意放生，近几年来在部分沿海地区的滩涂、防波堤等地方均有钓获，2010年在象山渔山岛曾钓到一条重达26kg的眼斑拟石首鱼。因其生存能力强，并捕食本地鱼类，可能对海洋生态造成不利影响。

【防控建议】加强引种和养殖管理，避免养殖逃逸。

（顾党恩 中国水产科学研究院珠江水产研究所）

 **鲽形目**

1. 大菱鲆 ｜ *Scophthalmus maximus*

【英文名】turbot，black sea turbot。

【俗　名】多宝鱼、欧洲比目鱼。

【分类检索信息】鲽形目Pleuronectiformes，菱鲆科Scophthalmidae，菱鲆属*Scophthalmus*。

【主要形态特征】体平扁，体圆略呈菱形。口裂中大，牙齿较小且不锋利。双眼位于左侧。尾鳍宽而短。体背青褐色，隐约可见点状黑色和棕色花纹及少量皮刺，腹面光滑呈白色。体色可随环境变化。全身除中轴骨外无小刺，体中部肉厚（图2-104）。

图2-104　大菱鲆

【与相近种的比较鉴别】见表2-24和图2-105。

【引种来源】我国1992年由中国水产科学研究院黄海水产研究所首次从英国引进。1999年大规模苗种生产获得成功后，在北方沿海推广养殖。

【扩散途径】属于人为有意引进，主要是由养殖逃逸和丢弃造成的自我扩散。

【分布情况】自然分布于大西洋东侧沿岸，北起北欧冰岛、挪威等地，南至北非摩洛哥附近沿海，黑海、地中海沿岸也有分布。主要产地包括英国、法国、西班牙、葡萄牙、北欧等国家和地区。

表2-24　大菱鲆和近似种比较

种类	腹鳍	鳞片	斑纹
大菱鲆	两侧腹鳍基均长	无鳞，有眼侧具大骨质突起	有眼侧无显著眼状斑
漠斑牙鲆	两侧腹鳍基均短	有眼侧具栉鳞，无眼侧具圆鳞	有眼侧无显著眼状斑，具不规则斑块
犬齿牙鲆	两侧腹鳍基均短	有眼侧具栉鳞，无眼侧具圆鳞	有眼侧体后部具5个显著眼状斑
褐牙鲆	两侧腹鳍基均短	有眼侧具栉鳞，无眼侧具圆鳞	有眼侧具无显著眼状斑，具3个显著黑斑

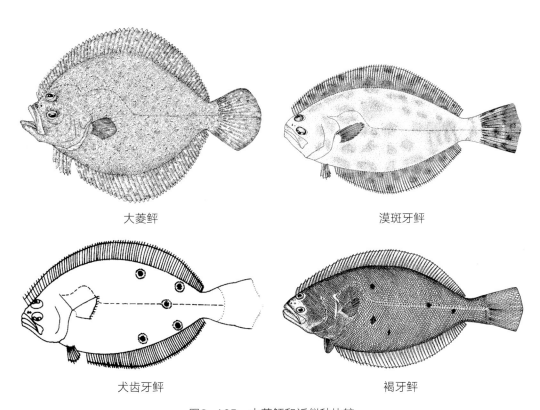

大菱鲆　　　　　　　　　　漠斑牙鲆

犬齿牙鲆　　　　　　　　　褐牙鲆

图2-105　大菱鲆和近似种比较

【养殖概况】主要在黄海、渤海区域养殖。

【栖息环境】冷水性鱼类，营底栖生活，是海洋底层鱼类，栖息水深20～70m。对水温等指标要求较严，最高致死水温为30℃，最低致死水温为1℃，适应生长水温为11～23℃，最适生长水温为14～17℃，对盐度的耐受范围为12～40，适应盐度为25～30，能耐低氧3～4mg/L。

【生物学特征】雌雄异体，雄鱼1龄，雌鱼2龄初次达到性成熟，自然产卵季节各地有差异，主要与水温和光周期有关，大体集中在每年4—8月，属于分批产卵鱼类，相对怀卵量可达100万粒/kg。性格温驯，为杂食性鱼类，幼鱼期摄食甲壳类和多毛类，成鱼期捕食小型鱼虾和底栖软体动物等。

【可能存在的风险】一是与土著鱼类发生竞争性排斥，产生竞争优势，影响土著鱼类生长。二是自然条件下，可与土著鱼类杂交，破坏天然种质，造成基因污染。

【防控建议】一是加强养殖监管，严格控制引种和养殖规模，防止养殖逃逸和随意扩散，降低丢弃风险。二是加强防控宣传教育，增大科普宣传力度，禁止随意放生放流和丢弃等行为，并督促养殖人员依法销毁废弃养殖个体。三是野外误捕后应及时报告县级以上渔业主管部门或其授权相关机构，在其指导下进行无害化处理或转移至可控区域，原则上不应放回原水域。

（张涛　中国水产科学研究院东海水产研究所）

2. 漠斑牙鲆 ｜ *Paralichthys lethostigma*

【英文名】southern flounder。

【俗　名】南方鲆、福星鱼、美国漠斑牙鲆。

【分类检索信息】鲽形目 Pleuronectiformes，牙鲆科 Paralichthyidae，牙鲆属 *Paralichthys*。

【主要形态特征】体侧扁，卵圆形。两眼均位于头部左侧。身体左侧浅褐色，分布有不规则斑点，右侧颜色较浅。其体色可以随周围环境的不同而变化，便于隐藏身体，躲避敌害。其左侧（有眼侧）朝上生活（图2-106）。

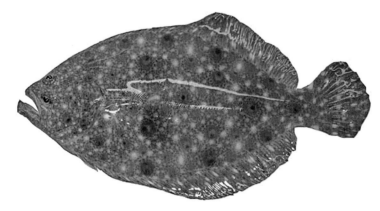

图2-106　漠斑牙鲆

【引种来源】我国2001年首次从美国引进。2003年3月北京市水产研究所率先人工繁殖成功。2005年北京市水产研究所、中国水产科学研究院黄海水产研究所、全国水产技术推广总站日照基地、莱州大话水产有限公司、莱州明波公司等均育苗成功，随后逐步向全国推广养殖。

【扩散途径】属于人为有意引进，主要是由养殖逃逸和丢弃造成的自我扩散。

【分布情况】原产于美国，主要分布于美国北卡罗来纳州至佛罗里达州南部海湾，以及墨西哥湾沿岸海区。

【养殖概况】漠斑牙鲆的养殖由南向北、由海向陆得到了快速发展，在全国多地均有养殖，包括北京、天津、山东、福建、广东、海南、湖北以及四川等10余个省、直辖市。池塘养殖6个月、网箱养殖7个月、工厂化养殖8～10个月可达商品鱼规格（500g以上）。

【栖息环境】底栖鱼类，其体腔很小，鳔缺失，生活在水体底层。属于广温（可适应0～35℃水温）、广盐（可耐受盐度0～60）性鱼类。其可以在海水和淡水中生存，喜栖息于泥泞或淤泥底质的河流、海岸和河口水域，大多栖息于水深40m以内的水域。

【生物学特征】生长较快，抗逆性强。自然条件下，雄鱼寿命不超过3年，雌鱼寿命不超过8年。目前记载最大全长为83cm，体重9.3kg，最大年龄8龄。一般2龄性成熟，雌鱼生长快于雄鱼。多在秋季水温下降时向深海区产卵场游动，属于秋冬繁殖型鱼类。产卵水温16～18℃，盐度33，产卵结束后游回河口、浅海水域。漠斑牙鲆为肉食性凶猛鱼类，具有埋伏捕食的能力，也可到水面摄食，夜间比较活跃。仔鱼主要以甲壳纲动物为食，成鱼主要以鱼类为食，鲻属鱼类是其重要饵料生物。

【可能存在的风险】一是与土著鱼类发生竞争性排斥，产生竞争优势，抢占土著鱼类生态位。二是自然条件下，可与土著鱼类杂交，降低遗传多样性，造成基因污染。

【防控建议】一是加强养殖监管，严格控制引种和养殖规模，防止养殖逃逸和随意扩散，降低丢弃风险。二是加强防控宣传教育，增大科普宣传力度，禁止随意丢弃等行为，并督促养殖人员依法销毁废弃养殖个体。三是野外误捕后应及时报告县级以上渔业主管部门或其授权相关机构，在其指导下进行无害化处理或转移至可控区域，原则上不应放回原水域。

（赵峰 中国水产科学研究院东海水产研究所）

3. 犬齿牙鲆 ｜ *Paralichthys dentatus*

【英文名】summer flounder, Atlantic flounder。

【俗　名】大西洋牙鲆、巨齿牙鲆、细齿牙鲆。

【分类检索信息】鲽形目 Pleuronectiformes，牙鲆科 Paralichthyidae，牙鲆属 *Paralichthys*。

【主要形态特征】体侧扁，呈卵圆形。两眼均位于头部左侧。口大，颌齿1行，呈犬齿状。第一脉沟棘突出。有眼侧被弱栉鳞，无眼侧被小圆鳞。有眼侧体色灰黑色，并可随栖息环境而发生变化，无眼侧白色。体表具8～10个黑斑，背鳍和臀鳍上均有类似斑点。侧线发达，侧线鳞约108枚（图2-107）。

图2-107　犬齿牙鲆

【引种来源】2002年9月由国家海洋局第一海洋研究所和山东省青岛市海洋与渔业局共同从美国引进。

【扩散途径】属于人为有意引进，主要是由养殖逃逸和丢弃造成的自我扩散。

【分布情况】原产于北美洲西北大西洋沿岸，从加拿大的新斯科舍至美国南佛罗里达沿岸海域均有分布，即29°—45°N，57°—81°W。

【养殖概况】主要集中在山东沿海地区养殖。

【栖息环境】冷水性底栖鱼类，具有潜沙习性，喜栖息于具有坚硬沙质底质的海域，可以利用具有淤泥底质的盐沼溪流和海草床等沿海浅水水域作为栖息地。适应水温5～30℃，最适水温17～25℃，适应盐度5～35，最适盐度24～30，对盐度适应性较强，成体在淡水中也可存活，为广盐性种类，此外对水体低溶解氧也有一定的耐受力。

【生物学特征】生长速度快，耐受能力强。个体较大，最大个体全长可达94cm，体重12.0kg，最大年龄9龄。初次性成熟年龄为2龄。繁殖期多在秋季水温下降时，属于秋冬繁殖类型，产卵水温12～19℃，产卵盛期水温15～18℃。肉食性鱼类，稚鱼至幼鱼阶段主要摄食桡足类、糠虾类、端足类、十足类等小型甲壳动物，成鱼主要以小型鱼类为摄食对象。

【可能存在的风险】一是加强养殖监管，严格控制引种和养殖规模，防止养殖逃逸和随意扩散，降低丢弃风险。二是加强防控宣传教育，增大科普宣传力度，禁止随意丢弃等行为，并督促养殖人员依法销毁废弃养殖个体。三是野外误捕后应及时报告县级以上渔业主管部门或其授权相关机构，在其指导下进行无害化处理或转移至可控区域，原则上不应放回原水域。

【防控建议】严格控制以及加强监管引种和养殖规模，防止随意扩散。

（赵峰　中国水产科学研究院东海水产研究所）

4. 条斑星鲽 ｜ *Verasper moseri*

【英文名】barfin flounder。

【俗　名】黑条鲽、摩氏星鲽。

【分类检索信息】鲽形目 Pleuronectiformes，鲽科 Pleuronectidae，星鲽属 *Verasper*。

【主要形态特征】体侧扁，卵圆形，左右不对称。两眼均位于头部右侧。有眼侧具大型鳞片，侧线鳞85～100。口大，上颌达眼中央下部，齿钝圆锥形，上颌2列，下颌1列。体色似松树皮，又称松皮鱼。背鳍、臀鳍基尾鳍两侧间隔排列黑色条带，为其主要鉴别特征（图2-108）。

图2-108　条斑星鲽

【与相近种的比较鉴别】见表2-25和图2-109。

表2-25　条斑星鲽和圆斑星鲽比较

种类	斑点	体色	侧线
条斑星鲽	背鳍、臀鳍具圆黑斑	无眼侧白色	侧线弧状弯曲部长为高的2.3~2.5倍
圆斑星鲽	背鳍、臀鳍具横条状黑斑	雄鱼无眼侧橙黄色	侧线弧状弯曲部长为高的3.7~4.0倍

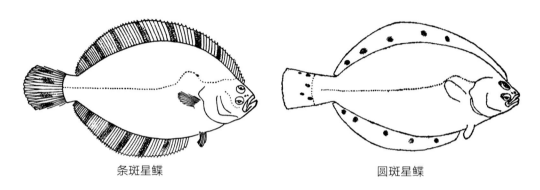

条斑星鲽　　　　　　　　　　　　　圆斑星鲽

图2-109　条斑星鲽和圆斑星鲽比较

【引种来源】2004年由中国科学院海洋研究所从日本引进。

【扩散途径】属于人为有意引进，主要是由养殖逃逸和丢弃造成的自我扩散。

【分布情况】原分布于日本茨城县以北到鄂霍茨克海以南海域，日本三陆湾海与北海道海域可见。

【养殖概况】主要集中在黄海、渤海沿岸养殖。在我国养殖时间较短，目前仅在山东、辽宁以及河北等省份有养殖。该种生长快，适应能力强，产业化养殖开发潜力较大，养殖前景良好。

【栖息环境】冷温性大型底栖鱼类，对温度适应性较强。适宜水温10~18℃，耐低温能力大于耐高温能力，幼鱼耐高温能力强于成鱼。

【生物学特征】生长速度快，个体较大，外形美观，适应力强。寿命一般可达10龄以上，最长可达14龄，成熟个体体长30~60cm，最大体长可达67.4cm，体重达8kg。通常雌性3龄初次性成熟，繁殖期为3—6月，产卵场位于水深数米至数十米处。卵浮性，卵径1.7~1.9mm。杂食、底栖动物食性，主要摄食虾蟹、贝类、棘皮动物、头足类以及小鱼等。

【可能存在的风险】与土著鱼类发生竞争性排斥，影响土著鱼类生长，抢夺和挤压土著鱼类生态位，破坏当地生物多样性。

【防控建议】一是加强养殖监管，严格控制引种和养殖规模，防止养殖逃逸和随意扩散，降低丢弃风险。二是加强防控宣传教育，增大科普宣传力度，禁止随意丢弃等行为，并督促养殖人员依法销毁废弃养殖个体。三是野外误捕后应及时报告县级以上渔业主管部门或其授权相关机构，在其指导下进行无害化处理或转移至可控区域，原则上不应放回原水域。

（赵峰 中国水产科学研究院东海水产研究所）

5. 塞内加尔鳎 | *Solea senegalensis*

【英文名】Senegalese sole。

【俗 名】地中海鳎。

【分类检索信息】鲽形目 Pleuronectiformes，鳎科 Soleidae，鳎属 *Solea*。

【主要形态特征】体侧扁，呈卵圆形。两眼均位于头部右侧。头小，钝圆。吻短钝。口小，近前位。雌雄异体。背鳍与臀鳍均无鳍棘，与尾鳍基部相连。背臀鳍条72～95，臀鳍臀条60～75，脊椎骨44～46。侧线平直，前支弧状。无眼侧前鼻孔不扩大，有眼侧胸鳍鳍膜为黑色（图2-110）。

图2-110 塞内加尔鳎

【与相近种的比较鉴别】见表2-26和图2-111。

表2-26 塞内加尔鳎和鳎比较

种类	胸鳍	脊椎骨
塞内加尔鳎	鳍膜黑色	44～46
鳎	后部具大黑斑	46～52

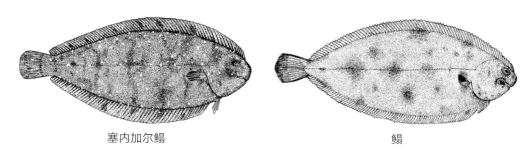

塞内加尔鳎　　　　　　　　　　　　　　　　鳎

图2-111　塞内加尔鳎和鳎比较

【引种来源】我国2001年9月由山东莱州自法国引进。2005年河北滦南县首先繁育成功（亦有文献表述2003年首次引进）。

【扩散途径】属于人为有意引进，主要是由养殖逃逸和丢弃造成的自我扩散。

【分布情况】原分布于大西洋东部以及地中海西部地区，从法国比斯开湾至非洲安哥拉海域，以及西班牙、葡萄牙和突尼斯等国沿岸海域。

【养殖概况】主要集中在山东、河北等地养殖。

【栖息环境】暖温性底栖鱼类，常栖息在水深12~65m沙质或泥质底质的热带海域。适宜水温13.6~21.6℃。

【生物学特征】生长速度快，适应能力强。个体较大，最大个体体长可达60cm，通常体长45cm左右。雌雄异体，体长30cm以上，3龄性成熟。自然条件下产卵季节为3—6月，相对怀卵量每克体重509粒，卵径1mm左右。受精卵在19℃水温条件下，孵化时间为42h。主要摄食底栖无脊椎动物，如多毛类和双壳纲软体动物，亦摄食小型甲壳动物。

【可能存在的风险】一是与土著鱼类发生竞争性排斥，产生竞争优势，影响土著鱼类生长。二是其适应性强，易形成种群，可能会影响自然水域群落结构，改变生物多样性现状。三是存在杂交风险，与土著鱼类杂交，会破坏天然种质状况，降低遗传多样性，造成基因污染。

【防控建议】一是加强养殖监管，严格控制引种和养殖规模，防止养殖逃逸和随意扩散，降低丢弃风险。二是加强防控宣传教育，增大科普宣传力度，禁止随意丢弃等行为，并督促养殖人员依法销毁废弃养殖个体。三是野外误捕后应及时报告县级以上渔业主管部门或其授权相关机构，在其指导下进行无害化处理或转移至可控区域，原则上不应放回原水域。

（赵峰　中国水产科学研究院东海水产研究所）

6. 鳎 | *Solea solea*

【英文名】common sole。

【俗　名】欧鳎、欧洲鳎。

【分类检索信息】鲽形目 Pleuronectiformes，鳎科 Soleidae，鳎属 *Solea*。

【主要形态特征】体侧扁，呈卵圆形。两眼均位于头部右侧。头小，钝圆。吻短钝。口小，近前位。雌雄异体。背鳍与臀鳍均无鳍棘，与尾鳍基部相连。背鳍鳍条69~97，臀鳍鳍条53~80，脊椎骨46~52。侧线平直。无眼侧前鼻孔不扩大，有眼侧前鼻孔向后不达或仅达下眼前部。有眼侧胸鳍后部具一大黑斑（图2-112）。

图2-112　鳎

【引种来源】不详，可能与塞内加尔鳎混杂在一起。

【扩散途径】属于人为有意引进，主要是由养殖逃逸和丢弃造成的自我扩散。

【分布情况】原产于大西洋东部，自从挪威西部向南至塞内加尔沿岸，包括北海和波罗的海，还有地中海地区的马尔马拉海，博斯普鲁斯海峡以及黑海西南部。

【养殖概况】不详，可能与塞内加尔鳎混杂在一起。

【栖息环境】亚热带底栖鱼类，适宜栖息水深0~150m，常栖息于10~60m水深的沙质或泥质底质海域。适宜栖息水温8~24℃。常单独活动，白天潜伏，夜晚摄食。冬季游至深水区越冬。

【生物学特征】生长速度快，适应能力强。个体较大，通常体长35cm左右，最大个体体长可达70cm，体重达3kg，通常35cm左右。雌雄异体，3~5龄性成熟。自然条件下产卵季节为2—5月，在水温6~12℃的浅海水域产卵，孵化持续约5d。主要摄食多毛类、软体动物及小型甲壳动物。

【可能存在的风险】一是与土著鱼类发生竞争性排斥，产生竞争优势，抢夺和挤压土著鱼类生态位，破坏生物多样性。二是可能与土著鱼类杂交，破坏天然种质状况，降低遗传多样性，造成基因污染。

【防控建议】一是加强养殖监管，严格控制引种和养殖规模，防止养殖逃逸和随意扩散，降低丢弃风险。二是加强防控宣传教育，增大科普宣传力度，禁止随意丢弃等行为，并督促养殖人员依法销毁废弃养殖个体。三是野外误捕后应及时报告县级以上渔业主管部门或其授权相关机构，在其指导下进行无害化处理或转移至可控区域，原则上不应放回原水域。

（赵峰　中国水产科学研究院东海水产研究所）

 甲壳类

1. 凡纳滨对虾 | *Litopenaeus vannamei*

【英文名】white-leg shrimp。

【俗　名】南美白对虾、凡纳对虾、万氏对虾、白脚对虾。

【分类检索信息】十足目 Decapoda，对虾科 Penaeidae，对虾属 *Litopenaeus*。

【主要形态特征】体色为淡青蓝色，甲壳较薄，全身不具斑纹。额角尖端的长度不超出第一触角柄的第二节。齿式为5～9/2～4，侧沟短，到胃上刺下方即消失；头胸甲较短，与腹部的比例为1∶3。具肝刺及触角刺，不具颊刺及鳃甲刺，肝脊明显。心脏黑色，前足常呈白垩色；第一至第三对步足的上肢十分发达，第四、第五对步足无上肢；腹部第四至第六节具背脊；尾节具中央沟。雌虾不具纳精囊，成熟个体第四、第五对步足间的外骨骼呈W状。雄虾第一对腹肢的内肢特化为卷筒状的交接器（图2-113）。

【与相近种的比较鉴别】凡纳滨对虾、中国对虾、日本对虾和斑节对虾形态特征比较见表2-27和

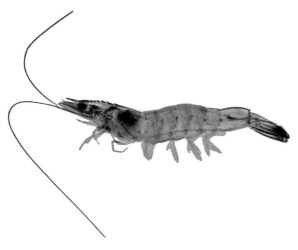

图2-113　凡纳滨对虾

图2-114。

表2-27　凡纳滨对虾、中国对虾、日本对虾和斑节对虾形态特征比较

种类	体表	体型	额角齿式	步足	尾扇末端
凡纳滨对虾	有细小黑色斑点	最小	8~9/1~2	白色	黑色
中国对虾	浅黄色	较大	7~9/3~5	浅黄色	黑色
日本对虾	棕色和蓝色相间横斑	较大	8~10/1~2	黄色	鲜艳的蓝色
斑节对虾	棕绿色、深棕色和浅黄色环状色带相间排列	最大	7~8/2~3	浅蓝色	深褐色

凡纳滨对虾

中国对虾

日本对虾

斑节对虾

图2-114　凡纳滨对虾、中国对虾、日本对虾和斑节对虾形态比较

【引种来源】凡纳滨对虾原产于南美厄瓜多尔沿岸。1988年7月由中国科学院海洋研究所首次引进。广东、海南等省许多单位每年从泰国、厄瓜多尔及美国夏威夷等地引进大量亲虾。

【扩散途径】一是养殖逃逸：由于洪水和养殖期间换水等造成的养殖逃逸。二是增殖放流：部分地区作为增殖放流对象或者冒充中国对虾投放到海水中。三是人为遗弃：养殖期间发病后人为丢弃。

【分布情况】在天然海域中，主要分布于太平洋西海岸至墨西哥湾中部，以厄瓜多尔沿岸分布最为集中，是中南美洲对虾养殖的主要种类。

【养殖概况】目前，我国沿海和内陆地区均有大量养殖。其中，内陆地区多为经淡化驯养后的苗种。2016年，凡纳滨对虾海水养殖产量932 297t，淡水养殖产量739 949t。

凡纳滨对虾种苗多为海南、广东等育苗场从国外购进亲虾繁殖。但近年来，凡纳滨对虾存在生长速度慢、规格不整齐及抗病力弱等问题，有专家认为是种质资源退化引起，也有专家认为是养殖环境恶化引起。

2000年以来，我国大部分地区均出现凡纳滨对虾的养殖，其中，南方多为高位池养殖，北方工厂化养殖形成一定规模，经淡化后在我国中西部地区也有养殖。目前，凡纳滨对虾已成为我国最主要的对虾养殖品种。

【栖息环境】有较宽的水温适应范围，人工养殖时水温可在16～35℃（渐变幅度），但最适水温为28～32℃，当水温长时间处于18℃以下或34℃以上时，则虾体处于胁迫应激状态，抗病力下降，食欲减退或停止摄食；对盐度适应范围为0～40，但最适盐度为10～25，在逐渐淡化的情况下可在淡水中生存，在适宜范围内，盐度越低，则生长越快。对pH的适应范围为7.3～9.0，最适为7.8～8.6，当pH低于7.3时，其活动即受到限制。pH日波动不得大于0.5。

【生物学特征】食性较广，杂食性；在幼体和虾苗阶段捕食浮游生物，成虾阶段以有机碎屑、螺、贝、水蚯蚓等底栖生物为食。初次性成熟为1龄，平均寿命为2年。

【可能存在的风险】一是影响本地虾类的种群增长，严重的造成本地虾类资源衰减。二是与本地土著种竞争生活空间及饵料资源等，挤占本土物种的生态位。三是直接捕食其他种类幼虾或者消灭其他土著物种。四是携带传染性病原。

【防控建议】一是开展自然水域中凡纳滨对虾的危害评估，加强宣传教育，提高对凡纳滨对虾的认识，减少人为放生。二是提高防控意识，加强对凡纳滨对虾养殖的管理，减少养殖逃逸和养殖丢弃的行为。三是优化养殖结构布局，推进其在适生区以外的区域养殖。四是加强引种管理，严禁携带病原的亲虾入境。

（葛红星　江苏海洋大学）

2. 南美蓝对虾 | *Penaeus stylirostris*

【英文名】blue shrimp。

【俗　名】墨西哥蓝对虾、墨西哥蓝虾、超级对虾、红额角对虾。

【分类检索信息】十足目 Decapoda，对虾科 Penaeidae，对虾属 *Penaeus*。

【主要形态特征】一般生活在较深的海里，壳较薄，白色或微黄色，成虾略呈蓝色。身上有小圆黑花点，两条长须粉红色，须长约为体长的2.5倍，额角长而尖，且向上翘起，上缘7～8齿，下缘3～6个齿。纳精囊为开放式，额角比较细长，向上弯曲明显，幼虾额角显著超过第二触角，额角侧脊达胃上刺之后。个体较大，120d个体达25～30g（图2-115）。

图2-115　南美蓝对虾成体

【与相近种的比较鉴别】南美蓝对虾形态酷似凡纳滨对虾，但规格明显较大，体色较深。南美蓝对虾与南美白对虾（凡纳滨对虾）形态特征比较如表2-28、图2-116所示。

表2-28　南美蓝对虾与南美白对虾（凡纳滨对虾）形态特征比较

种类	额角齿式	触角外鞭	体色
南美蓝对虾	7～8/3～6	第一触角的外鞭较长，显著长于内鞭	成虾体色常呈蓝色
南美白对虾（凡纳滨对虾）	8～9/1～2	第一触角外鞭较短，不显著长于内鞭	成虾体色常呈青灰色

南美蓝对虾

南美白对虾

图2-116　南美蓝对虾与南美白对虾形态特征比较

【引种来源】1988年由中国科学院海洋研究所首次从美国引进。2000年3月由中国科学院海洋研究所再次将不带有特定病原（SPF）蓝对虾引进我国，江苏省无锡市也从文莱引进纯系SPF蓝对虾。

【扩散途径】一是养殖逃逸：由于洪水、养殖管理不善等造成的养殖逃逸。二是养殖丢弃：病害暴发时，被人为淘汰。

【分布情况】原产于拉丁美洲，主要分布于墨西哥太平洋沿岸，是西半球第二大养殖虾种。

【养殖概况】为广盐性热带虾种，在我国南方沿海地区多有养殖，多与凡纳滨对虾混养。另有报道表明，北方地区近年来尝试工厂化养殖并取得成功。河北、山东、江苏、浙江、福建等地都有养殖。

【栖息环境】常栖息在泥沙质底层，昼伏夜出，喜静怕惊。

【生物学特征】属热带虾种，适宜水温20～28℃，在水温10℃摄食不正常，8℃基本不摄食。水温超过32℃时不利其生长。广盐性，适应盐度为5～25。对溶解氧要求较高，水体溶解氧要求大于4mg/L。食性广而杂，杂食性。60～80d达到商品规格。性成熟年龄1龄，卵沉性。杂食性动物，对饲料蛋白含量要求较日本对虾、斑节对虾低，喜欢集群活动，白天、晚上均摄食。

【可能存在的风险】一是与本地土著种竞争生活空间及饵料资源等，挤占本土物种的生态位。二是直接捕食虾类或者消灭其他土著物种。

【防控建议】加强引种管理，防止随意扩散。

（葛红星　江苏海洋大学）

3. 罗氏沼虾 ｜ *Macrobrachium rosenbergii*

【英文名】Malaysian prawn，giant Malaysian prawn，giant freshwater prawn。

【俗　名】白脚虾、金钱虾、马来西亚大虾、淡水大虾、长臂大虾、金钱虾。

【分类检索信息】十足目 Decapoda，长臂虾科 Palaemonidae，沼虾属 *Macrobrachium*。

【主要形态特征】外被一层几丁质甲壳，甲壳较薄，在头胸部形成头胸甲，完整地覆盖头胸部的背面及两侧，以凹下的沟和隆起的脊为界。全身由头胸部和腹部两个部分组成，头胸部粗大，腹部自前向后逐渐变小，末端尖细。整个身体由20节组成，头部5节，胸部8节，腹部7节。除第7节（尾节）外，每对体节均有附肢1对。体色呈淡青蓝色并间有棕黄色斑纹，雄虾第二步足呈蔚蓝色。鲜艳的体色会随环境条件变化而变化。一般雄性个体大于雌性个体，雄性个体体长最长可达40cm，体重达600g；雌性体长达25cm，体重达200g。雄性第二步足特别大，呈蔚蓝色（图2-117）。

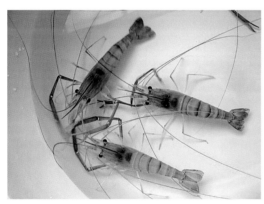

图2-117　罗氏沼虾

【与相近种的比较鉴别】罗氏沼虾与青虾较像，但罗氏沼虾个体明显较大，体为蓝色，而青虾为青灰色。罗氏沼虾额角较长，齿式为12~15/10~13，而青虾额角较短，齿式为12~15/2~4。罗氏沼虾第二步足无斑纹，而青虾有白色斑纹。罗氏沼虾头胸甲两侧黑色斑纹与身体平行；青虾头胸甲黑色斑纹与身体垂直。罗氏沼虾与青虾形态特征比较如表2-29和图2-118所示。

表2-29　罗氏沼虾与青虾形态特征比较

种类	体型	体色	头胸甲	额角齿式
罗氏沼虾	大	蓝色	两侧黑色斑纹与身体平行	12~15/10~13
青虾	较小	青灰色	黑色斑纹与身体垂直	12~15/2~4

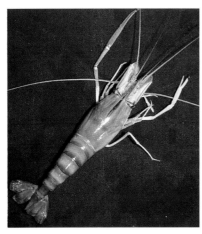

罗氏沼虾 *Macrobrachium rosenbergii* 　　青虾 *Macrobrachium nipponense*

图2-118 罗氏沼虾与青虾形态特征比较

【引种来源】1976年从日本引入我国，在广东进行试点养殖，养殖很成功，目前已在全国范围内进行养殖推广，品种登记号：GS-03-012—1996。

【扩散途径】一是养殖逃逸：由于洪水、养殖管理不善等造成的养殖逃逸。二是自然扩散：在自然水域建立种群后的自我扩散。

【分布情况】原产于泰国、柬埔寨、马来西亚等东南亚诸国。目前我国各地均有养殖。

【养殖概况】是我国重要的淡水养殖虾类，2016年全国总产量达132 678t。广东、广西、福建、上海、浙江和江苏等长江以南地区有大量养殖，其中以广东养殖最多。

【栖息环境】营底栖生活，喜栖息在水草丛中。昼伏夜出，白天潜伏在水底或水草丛中，晚上出来觅食。

【生物学特征】属热带性虾，不耐低温，生长适温为20～34℃，水温降至14～16℃时，罗氏沼虾出现行动迟缓并逐渐死亡，上限水温为35℃。食性杂食性。生长速度快，刚孵出的幼虾体长1.7～2.0mm，经过两个月的时间，可长成体长3cm左右的小虾。放养3cm左右的虾种，饲养5个月，平均每尾体重可达30g。性成熟年龄为0.5～1龄，一年可多次产卵类型，每隔30～40d产卵一次，卵黏于腹节附肢上孵化。

【可能存在的风险】压制本地虾类的种群增长，严重的会造成本地虾类资源衰减。

【防控建议】一是开展自然水域中罗氏沼虾的危害评估，加强宣传教育，提高对罗氏沼虾的认识，减少人为放生。二是提高防控意识，加强对罗氏沼虾养殖的管理，减少养殖逃逸和养殖丢弃的行为。三是优化养殖结构布局，推进其在适生区以外的区域养殖。

（葛红星 江苏海洋大学）

4. 红螯螯虾 | *Cherax quadricarinatus*

【英文名】Australian red claw crayfish。

【俗 名】四脊滑螯虾、马龙螯虾、马朗螯虾、澳洲淡水龙虾、麦龙虾等。

【分类检索信息】十足目 Decapoda，拟螯虾科 Parastacidae，螯虾属 *Chearx*。

【主要形态特征】整个躯体由甲壳覆盖，外表光滑，由头胸部和腹部组成。全身由20节组成，其中，头胸部13节。头胸甲背部有4条沿身体纵轴方向排列的脊。双眼有柄而突起。头胸部有5对步足，第一对为粗壮的大螯，雄性的大螯在外侧有一膜质鲜红美丽的斑块，第二、第三对步足为螯状，第四、第五对步足为爪状。腹部有7节，虽被覆甲壳，但节间关联处有纤维膜相连，可灵活运动。腹部第二节至第五节下面都有1对附肢，称为腹足或游泳足。腹部第六节附肢向后伸展，加宽称尾足，并与尾节组成尾扇，是螯虾快速运动器官。在头胸部的前端还有3对触角（1对大触角，2对小触角）。成年雄虾螯足基部外侧有一层鲜红色的薄膜层，但雌虾没有，胸部有生殖器。个体一般重50～100g，最大可达500～600g（图2-119）。

图2-119 红螯螯虾成体

【与相近种的比较鉴别】与麦龙螯虾相比，红螯螯虾螯肢较长且较细。红螯螯虾雄虾的大螯粗于雌虾大螯，并且外缘有鲜红色的角质膜。这样从外表上就很容易分辨雌雄。红螯螯虾、麦龙螯虾和克氏原螯虾形态特征比较见表2-30和图2-120。

表2-30　红螯螯虾、麦龙螯虾和克氏原螯虾形态特征比较

种类	螯肢	大螯	体色
红螯螯虾	长、细	雄虾粗于雌虾，且外缘鲜红色	褐绿
麦龙螯虾	短、粗	雌雄没有差异	蓝色或红色，国内以红色为主
克氏原螯虾	介于前两者之间	雌雄没有差异	红色

红螯螯虾

麦龙螯虾

克氏原螯虾

图2-120　红螯螯虾、麦龙螯虾和克氏原螯虾形态特征

【引种来源】1992年由湖北省水产科学研究所首次从澳大利亚引进。1997年山东省淡水水产研究所亦从澳大利亚引进了红螯螯虾原种。

【扩散途径】一是养殖逃逸：由于洪水、养殖管理不善等造成的养殖逃逸。二是养殖丢弃：价格低潮时更换养殖品种后的遗弃，部分养殖品种或者生长速度慢的群体被淘汰时的丢弃。三是增殖放流：部分地区作为增殖放流对象投放到自然水域。四是人为放生：作

为放生对象释放到河流湖泊中。五是自然扩散：在自然水域建立种群后的自我扩散。

【养殖概况】虽然引进到国内超过二十年，但由于养殖技术不完善、销路未打通等，其始终未能成为大规模养殖的品种。目前广东等地区有养殖，养殖模式主要包括池塘混养和稻田养殖等。

【分布情况】原产于大洋洲，自然分布在澳大利亚北昆士兰的河流中。国内的许多地区都引进了此品种，特别是华南、长江中下游地区及山东省一些地区。

【栖息环境】在河流、水库、池塘都能生活，白天潜伏在水体中可隐蔽的地方；傍晚和黎明前出来觅食，喜夜晚活动，营底栖爬行生活。常在砖、瓦、砾石的间隙中爬行或潜伏在池塘的天然洞穴中及人工洞穴中，在较软的池底中有掘穴能力。有时亦沿池壁上爬或攀伏于水生植物的根和密叶中。

【生物学特征】食性广，主要摄食有机碎屑，着生藻类，丝状藻类，水生植物的根、叶及碎片。特别喜食汁多肥嫩的绿色植物，如水浮莲、水葫芦、马来眼子菜、青萍、面条草。动物性食物喜食水丝蚓、蚯蚓、水生昆虫的卵、蛹、螺、蚌、鱼肉等。耐低氧能力强，溶解氧低于1mg/L时仍能存活，溶解氧一般不低于4mg/L为宜。耐干露能力强，耐长途运输。生存适宜水温为5～37℃，最适水温为24～31℃。在天然环境中6～12个月达性成熟，性成熟的雄虾的大螯外延有一块明显的红色或橘黄色斑纹，第五对步足基部有一对乳突状生殖棘，雄虾的螯长超过体长。雌虾在第三对步足的基部有一对生殖孔，螯呈蓝色，长度小于体长。属一年多次产卵类型，水温升至20℃以上时，开始产卵，每次产卵300～1 000粒。胚胎发育适宜水温为22～32℃。

【可能存在的风险】一是在自然水域中定居的红螯螯虾，通过竞争性替代，将本土虾类从其适宜的栖息地排除，影响本土虾类的生存和繁殖。二是食量大，在自然水体中通过大量摄食水生植物和小型鱼虾，导致其他鱼类的食物来源减少，从而改变水域生态系统的营养关系。三是在自然水域中，捕食本土虾类的卵和幼虾，影响本土虾类的生存和种群的延续。四是红螯螯虾的挖掘和扰动行为会危害农业生产。

【防控建议】一是开展自然水域中红螯螯虾的危害评估，加强宣传教育，提高对红螯螯虾的认识，减少人为放生。二是提高防控意识，加强对红螯螯虾养殖的管理，减少养殖逃逸和养殖丢弃的行为。三是优化养殖结构布局，推进其在适生区以外的区域养殖。四是开展针对性的控制实践，对危害农业生产或严重影响水域生态环境的红螯螯虾开展定点防控。

（葛红星　江苏海洋大学）

5. 麦龙螯虾 | *Cherax tenuimanus*

【英文名】marron，hairy marron。

【俗　名】麦龙虾、澳洲龙虾、青龙虾、蓝魔鬼。

【分类检索信息】十足目 Decapoda，螯虾科 Parastacidae，螯虾属 *Chearx*。

【主要形态特征】个体较大，是世界上最大的淡水虾之一，呈短粗状，背腹略扁平。常见颜色有蓝色和红色，其中红色麦龙螯虾头胸甲和腹甲的背侧呈淡红、橄榄绿色至棕色，其腹部呈红褐色，雌性腹侧还呈现一些红色和水墨紫色。国内以蓝色麦龙螯虾较为常见（图2-121）。

图2-121　麦龙螯虾成体

【引种来源】1986年由湖北省从澳大利亚引进。

【扩散途径】一是养殖逃逸：由于洪水、养殖管理不善等造成的养殖逃逸。二是养殖丢弃：价格低潮时更换养殖品种后的遗弃，部分养殖品种或者生长速度慢的群体被淘汰时的丢弃。

【分布情况】原产于澳大利亚西澳大利亚州西南地区。我国尚没有大面积养殖的报道。

【养殖概况】属广温性淡水虾类，在广东、福建、湖北、江苏以及北京等地养殖成功。近年来，国内也有地方将其作为宠物进行养殖，但规模较小。

【栖息环境】生活在有大量有机物的沙滩绵延的河流的深水处。成体需要获得洞穴和避难物（如石头和树根）。

【生物学特征】冷水虾，在22～25℃存活最好，成功蜕壳的最低盐度为0.1，对酸碱度要求不高，最适pH范围是7～8.5，对水中溶解氧要求较高，要求大于4mg/L。昼伏夜出，白天常潜伏在水库浅水区的库底和河流、池塘底部的石块缝隙间，基本上不挖洞穴居，日落后活动频繁，大量摄食。食性广，以植物性碎屑为主。

【可能存在的风险】压制本地虾类的种群增长；危害农田等生态系统。

【防控建议】一是加强引种管理，应严防流入天然水域。二是提高防控意识，加强养殖的管理，减少养殖逃逸和养殖丢弃的行为。

（葛红星　江苏海洋大学）

6. 克氏原螯虾　|　*Procambarus clarkii*

【英文名】red swamp crayfish, crawfish。

【俗　名】红色沼泽螯虾、小龙虾、大龙虾、龙虾、克氏螯虾。

【分类检索信息】十足目 Decapoda，螯虾科 Parastacidae，原螯虾属 *Procambarus*。

【主要形态特征】体表深红色，成体长7～13cm。体呈圆筒状。甲壳坚厚，头胸甲稍侧扁，前侧缘不与口前板愈合，侧缘也不与胸部腹甲和胸肢基部愈合。颈沟明显。第一触角较短小，双鞭。第二触角有较发达的鳞片。3对颚足都具外肢。步足全为单枝型，前3对螯状，其中第一对特别强大、坚厚，故又称螯虾。末2对步足简单，呈爪状。鳃为丝状鳃。

头部有3对触须，触须近头部粗大，尖端小而尖。在头部外缘的一对触须特别粗长，一般比体长长1/3；在一对长触须中间为两对短触须，长度约为体长的一半。栖息和正常爬行时6条触须均向前伸出，受惊吓或受攻击时，两条长触须弯向尾部，以防尾部受攻击。

胸部有步足5对，第一至第三对步足末端呈钳状，第四、第五对步足末端呈爪状。第二对步足特别发达而成为很大的螯，雄性的螯比雌性的更发达，并且雄性龙虾的前外缘有一鲜红的薄膜，十分显眼。雌性则没有此红色薄膜，因而这成为雄雌区别的重要特征。

尾部有5片尾扇，母虾在抱卵期和孵化期爬行或受敌时，尾扇均向内弯曲，以保护受精卵或稚虾免受损害（图2-122）。

【引种来源】20世纪20年代由美国引入日本。1929年由日本引入我国，主要通过船舶压舱水引入。

【扩散途径】一是养殖逃逸：由于洪水、养殖管理不善等造成的养殖逃逸。二是自然扩散：在自然水域建立种群后的自我扩散。

【分布情况】原产于墨西哥北部和美国南部。我国大多数地区都有分布，特别是长江中下游地区。

图2-122　克氏原螯虾成体

【养殖概况】近年来，克氏原螯虾已成为我国重要的水产经济虾类，在湖北、江苏、安徽、江西和河南等地有大量养殖。2016年，该虾产量达852 285t，占淡水虾总产量的41.94%。养殖模式主要包括池塘混养、稻虾共作、藕虾共作等。

【栖息环境】喜栖息于水体较浅、水草丰盛的溪流和沼泽，也临时性地栖息于沟渠和池塘。

【生物学特征】适应性极广，在水温为10～30℃时均可正常生长发育。以螯肢挖洞，有较强的挖掘洞穴的能力。不善游泳，多在水底栖息。

性成熟一般为1龄，在长江流域交配期为5—9月，交配后大约30d产卵。亲虾均栖息在洞内繁殖，雌虾有抱卵习性。

杂食性，可以摄取植物性饵料和动物性饵料，如水草、植物碎屑、动物内脏、蚯蚓、底栖动物、小鱼虾、蝌蚪及小蛙等。饵料不足或群体密度过大时会相互残食。

【可能存在的风险】一是在自然水域中定居的克氏原螯虾，通过竞争性替代，将本土虾类从其适宜的栖息地排除，影响本土虾类的生存和繁殖。二是食量大，在自然水体中通过大量摄食水生植物和其他小型鱼虾类，导致其他鱼类的食物来源减少，从而改变水域生态系统的营养关系。三是在自然水域中，捕食本土虾类的卵和幼虾，影响本土虾类的生存和种群的延续。四是克氏原螯虾会在田埂和堤坝挖洞，危害农田水利等生态系统。喜欢穴居，擅长打洞，会导致灌溉用水的流失，破坏农田甚至危及水库大坝。克氏原螯虾曾入侵云南哈尼2 000hm²梯田，危及当地人的吃饭问题。

【防控建议】一是开展自然水域中克氏原螯虾的危害评估，加强宣传教育，提高对克氏原螯虾的认识，减少人为放生。二是提高防控意识，加强对克氏原螯虾养殖的管理，减少养殖逃逸和养殖丢弃的行为。三是优化养殖结构布局，推进其在适生区以外的区域养殖。四是开展针对性的控制实践，对危害农业生产或严重影响水域生态环境的克氏原螯虾开展定点防控。

（葛红星 江苏海洋大学）

 贝类

1. 池蝶蚌 ｜ *Hyriopsis schlegeli*

【英文名】biwa pearly mussel。

【俗 名】池蝶贝、日本池蝶蚌。

【分类检索信息】蚌目 Unionoida，蚌科 Uionidae，帆蚌属 *Hyriopsis*。

【主要形态特征】个体大，双壳鼓，体矮长。前端钝圆，后端尖长，背缘向上扩展成三角形的翼部较低。贝壳厚，角质层呈黑色，蚌体重。贝壳背缘铰合部有发达的铰合齿和具有弹性的角质韧带。珍珠层白净光亮，前后两个闭壳肌强大。外套膜结缔组织发达，尤其是边缘膜的结缔组织更发达。内脏团大，晶杆体粗长（图2-123）。

【引种来源】日本特有种，在日本系一级保护濒危物种。1997年由抚州市从日本引进。

【扩散途径】一是养殖逃逸：由于洪水、养殖管理不善等造成的养殖逃逸。二是养殖丢弃：价格低潮时更换养殖品种后的遗弃，部分养殖品种或者生长速度慢的群体被淘汰时的丢弃。三是增殖放流：部分地区作为增殖放流对象投放到自然水域。四是自然扩散：在自然水域建立种群后的自我扩散。

【分布情况】原产于日本滋贺县的琵琶湖。近年来发现广泛分布于我国江西、浙江等长江中下游地区的自然水域，并已建立自然种群，为这几个省份江河中的常见种。

图2-123　池蝶蚌成体（模式图）

【养殖概况】江西、浙江等长江中下游地区均有养殖。

【栖息环境】在大江大河、溪流沟渠和湖泊湿地等各种生境中均有分布。

【生物学特征】适宜水温20～35℃。生活的水中钙离子含量在10～15mg/L，且含有一定量的镁、硅、锰、铁离子等营养盐类。养殖水体透明度以30cm左右为宜。以硅藻、金藻、绿藻、裸藻等浮游植物为食。性成熟年龄2龄以上，产卵类型为分批多次产卵。

【可能存在的风险】自然状况下可以与我国的三角帆蚌产生杂交后代，通过杂交方式，会对本地蚌带来"遗传污染"。

【防控建议】一是开展自然水域中池蝶蚌的危害评估，加强宣传教育，提高对池蝶蚌的认识，减少人为放生。二是提高防控意识，加强对池蝶蚌养殖的管理，减少养殖逃逸和养殖丢弃的行为。三是开展针对性的控制实践，对危害农业生产或严重影响水域生态环境的池蝶蚌开展定点防控。

（董志国　江苏海洋大学）

2. 紫蹄劈蚌 | *Potamilus alatus*

【英文名】pink heelsplitter，purple heelsplitter，pancake，hatchet-back。

【俗　名】翼溪蚌。

【分类检索信息】蚌目 Unionoida，珠蚌科 Uionidae，冠蚌属 Potamilus。

【主要形态特征】壳较长，外壳呈暗绿色或黑色，内壳紫色或粉色，珍珠层厚实，且光滑细腻，极富光泽。生成的珍珠通常是紫色或者粉紫色，很少有白色的。紫踵劈蚌与三角帆蚌、褶纹冠蚌外形极其相似，在贝壳后背部均形成大型的帆状翼，其铰合部韧带较发达。壳顶低，不膨胀。成贝壳顶大多被腐蚀。雌雄贝壳的前端都为近圆形，而雌性的贝壳后端钝而平直，雄性后端成近圆形或椭圆形（图2-124）。

图2-124　紫踵劈蚌成体（模式图）

【与相近种的比较鉴别】与三角帆蚌和褶纹冠蚌的区别：三角帆蚌壳为黄色至深褐色；褶纹冠蚌为深黄绿色至黑褐色，表面具放射状条纹；紫踵劈蚌为黑褐色，且表面较粗糙，这可能与其栖息环境有一定关系。从外部形态上看，褶纹冠蚌双壳最为膨胀，紫踵劈蚌次之，三角帆蚌最为扁平；而从贝壳的厚度来看，紫踵劈蚌最厚，褶纹冠蚌与三角帆蚌相当。紫踵劈蚌、三角帆蚌和褶纹冠蚌形态特征比较见表2-31和图2-125。

表2-31　紫踵劈蚌、三角帆蚌和褶纹冠蚌形态特征比较

种类	壳色	外部形态	壳厚
紫踵劈蚌	黑褐色	介于后两者之间	厚
三角帆蚌	黄色至深褐色	扁平	薄
褶纹冠蚌	深黄绿色至黑褐色	膨胀	薄

紫踵劈蚌

三角帆蚌

褶纹冠蚌

图2-125　紫踵劈蚌、三角帆蚌和褶纹冠蚌形态特征比较

【引种来源】2002年11月由中国水产科学院淡水渔业研究中心从美国引进。

【扩散途径】一是养殖逃逸：由于洪水、养殖管理不善等造成的养殖逃逸。二是养殖丢弃：价格低潮时更换养殖品种后的遗弃，部分养殖品种或者生长速度慢的群体被淘汰时的丢弃。三是增殖放流：部分地区作为增殖放流对象投放到自然水域。四是自然扩散：在自然水域建立在种群后的自我扩散。

【分布情况】广泛分布于江苏、广东等地的自然水域，并已建立自然种群，为这些地区江河中的常见种。

【养殖概况】在江苏、广东等地区均有养殖。

【栖息环境】属溪流性种类，主要栖息于泥沙或沙砾底质类型的河流中。

【生物学特征】属大型贝类，成贝个体达20cm以上。滤食性，以吃食浮游植物为主。在自然界中，其钩介幼虫寄生于淡水石首鱼（*Aplodinotus gunniens*）和红拟首鱼（*Cianenops ocellatus*）。

【可能存在的风险】一是在自然水域中定居的紫踵劈蚌，通过竞争性替代，将本土贝类从其适宜的栖息地排除，影响本土贝类的生存和繁殖。二是食量大，在自然水体中通过大量摄食藻类和浮游生物，导致其他贝类的食物来源减少，从而改变水域生态系统的营养关系，另外浮游生物和藻类数量的减少也会导致水域生态系统结构和功能的改变。

【防控建议】一是开展自然水域中紫踵劈蚌的危害评估，加强宣传教育，提高对紫踵劈蚌的认识，减少人为放生。二是提高防控意识，加强对紫踵劈蚌养殖的管理，减少养殖逃逸和养殖丢弃的行为。三是开展针对性的控制实践，对危害农业生产或严重影响水域生态环境的紫踵劈蚌开展定点防控。

（董志国　江苏海洋大学）

3. 福寿螺 ｜ *Pomacea canaliculata*

【英文名】apple snail，golden apple snail。

【俗　名】大瓶螺。

【分类检索信息】中腹足目 Mesogastropoda，瓶螺科 Ampullariidae，瓶螺属 *Pomacea*。

【主要形态特征】贝壳较厚而坚固，呈右旋螺旋形，有5～6个螺层。螺壳颜色随环境及螺龄不同而有差异。壳口大，似卵圆形。厣为角质的黄褐色薄片，具有同心圆的生长线。螺体左边具一条粗大的肺吸管（图2-126）。

图2-126　福寿螺

【与相近种的比较鉴别】见表2-32和图2-127。

表2-32　福寿螺与田螺的区别

种类	螺层数量（个）	体螺层特征	脐孔特征	生殖方式
福寿螺	5～6	体螺层约占壳的89%，螺旋部较小	大而深	卵生
田螺	6～7	体螺层约占壳高的68%，螺旋部较大	呈缝状	卵胎生

【引种来源】原产于南美洲亚马孙河流域。1981年由中山市沙溪镇的一个巴西华侨引入我国。

【扩散途径】人为引种、养殖逃逸、养殖丢弃。

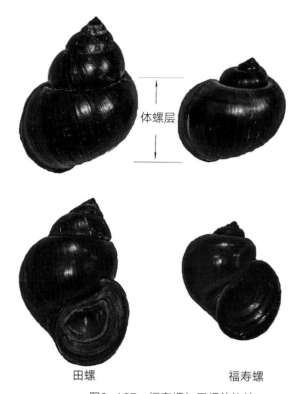

体螺层

田螺   福寿螺

图2-127　福寿螺与田螺的比较

【分布情况】在广东、广西、云南、福建、浙江、江西、湖南、四川等地均有自然分布。

【养殖概况】20世纪80年代作为特种经济动物在国内许多省市推广养殖，后因口感不佳，失去市场，遭弃养后在我国南方大部分地区建立自然种群，对农业生产造成危害。

【栖息环境】主要栖息于各类流速缓或静止的淡水水体。具有避光性，夜间、阴天相对活跃。

【生物学特征】喜湿潮，怕寒冷，生长适温18～32℃，10℃以下活力显著下降。

雌雄异体，体内受精、体外发育。性成熟年龄主要受温度影响，变化范围在2个月到2年。繁殖能力强，1年可繁殖2～3代，幼螺3～4个月即达到性成熟，且世代重叠。生长速度呈现阶段性变化，幼螺在前几个月生长迅速，在出现性活动并产卵时生长率降低，产下一批卵之后又开始快速生长，直到下一个繁殖期。

食性杂，以水生植物为主要食物，如香萍、红萍、水浮莲和水草等，也喜食新鲜嫩草、蔬菜、瓜果皮等青饲料。

【可能存在的风险】IUCN外来入侵物种专家委员会已将福寿螺列为全球100种最具威胁的外来入侵物种之一，2003年3月，国家环境保护总局将福寿螺列入首批入侵我国的16种外来物种"黑名单"，其严重危害农田生态系统、社会公共卫生安全。

福寿螺适应性强、食性广泛、繁殖速度快，对我国南方稻田等水体生态系统造成了较大危害。它还是广州管圆线虫的中间宿主，食用未充分煮熟的福寿螺，可能导致广州管圆线虫等寄生虫感染。

【防控建议】一是农业防治为主、化学防治为辅。二是加强福寿螺的引种和养殖监管，防止逃逸扩散。三是对野外捕获的福寿螺应进行无害化处理，严禁放生或丢弃。四是扩大宣传力度，提高外来物种的危害防控意识。

（牟希东，徐猛　中国水产科学研究院珠江水产研究所）

4. 海湾扇贝 ｜ *Argopecten irradians*

【英文名】bay scallop。

【俗　名】大西洋内湾扇贝、中科红。

【分类检索信息】珍珠贝目 Pterioida，扇贝科 Pectinidae，海湾扇贝属 *Argopecten*。

【主要形态特征】贝壳圆形，中等大小，左右两壳相对称，壳较凸，壳质较薄。壳顶稍低，不突出背缘。右壳前耳较后耳略小。具足丝孔和细栉齿。壳表多呈灰褐色或浅黄褐色，具深褐色或紫褐色花斑。两壳皆有放射肋17～18条；肋圆，光滑，肋上小棘较平；左壳肋窄，肋间距较宽。壳内面近白色，略具光泽，肌痕略显，有与壳面相应的肋沟。外套缘具缘膜，外套触手较细而多。外套眼较大，数目较多（图2-128）。

【与相近种的比较鉴别】见表2-33和图2-129。

表2-33　海湾扇贝、墨西哥湾扇贝和虾夷扇贝形态比较

种类	壳色	放射肋（条）	壳耳
海湾扇贝	灰褐色或浅黄褐色	17～18	右壳前耳较后耳略小
墨西哥湾扇贝	深褐色或紫褐色花斑	19～21	右壳前耳较后耳略小
虾夷扇贝	右壳颜色黄白；左壳颜色紫褐色	15～20	前后两侧壳耳大小相等

【引种来源】1982年由中国科学院海洋研究所从美国引进，后经选育形成新品种，现已在全国推广，品种登记号：GS-03-015—1996。

【扩散途径】一是养殖扩散：海湾扇贝已经是我国主要的养殖贝类，由于大多在开阔海域养殖，很容易自然繁殖造成扩散。二是人为遗弃：养殖期间发病后未经专门处理，随意丢入附近海域。三是有意引进到自然水域中养殖。

图2-128　海湾扇贝成体

海湾扇贝　　　　　　　虾夷扇贝　　　　　　　墨西哥湾扇贝

图2-129　海湾扇贝、虾夷扇贝和墨西哥湾扇贝

【分布情况】主要分布在大西洋西海岸，从加拿大南部的新斯科舍半岛，经美国的科德角向南延伸至新泽西州和北卡罗来纳州，多栖息在有大叶藻的浅海。在我国，海湾扇贝养殖适宜于海区笼养，养殖水域基本可以自然繁殖，遍布于辽宁、山东、河北、浙江、福建、深圳等沿海。

【养殖概况】目前主要在我国沿海以筏式笼养，主要集中于山东、辽宁。2018年，山东省莱州市金城镇养殖面积超过6 500hm²，产量超过4万t，年产值超过1.5亿元。

【栖息环境】耐受最低温度为-2℃，最高为32℃，生长最适水温为18～28℃。可在高盐度环境下生活，耐盐度范围为19～44，最适生长盐度为25～31。对水质要求比较严格，要求水体透明度大、不受污染、溶解氧不低于4mg/L。在环境不适时，能用两壳开闭击水进行快速移动至适宜的环境。

【生物学特征】生长的低限温度为3℃，10℃以下生长缓慢。幼虫期营浮游生活，幼体期能分泌足丝营固着生活，成体无足丝，平躺于海底。生长快，周期短，产量极高。

性成熟年龄为1龄，雌雄同体，可自体受精。性腺局限于腹部，精巢位于腹部外周缘，成熟时为乳白色；卵巢位于精巢内侧，成熟时褐红色。通常性腺部位表面具一层黑膜，在性腺逐渐成熟过程中，黑膜逐渐消失，精巢与卵巢便精晰可辨。一年有春、秋两个生殖期，亲贝的采卵量在46万～74万粒。

滤食性，主要食物为浮游硅藻类、双鞭毛藻类、桡足类、有机碎屑和海洋小型生物。

【可能存在的风险】一是与本地土著种竞争生活空间及饵料资源等，挤占本土物种的生态位。二是造成遗传侵蚀，外来种与本地种杂交，影响本地种的种质。三是通过大量摄食，改变水体中浮游动物和浮游植物的种类组成和数量，影响水域生态环境。

【防控建议】一是加强引种管理和养殖监管。二是开展海湾扇贝的危害评估，加强宣传教育，提高对海湾扇贝的认识，禁止人为放生（放流）。三是提高防控意识，加强对海湾扇贝养殖的管理，减少养殖逃逸和养殖丢弃的行为。四是对未经允许或违规进行养殖的，以及擅自放生（放流）或丢弃的，县级以上渔业主管部门应当依法进行查处。

（董志国　江苏海洋大学）

5. 虾夷扇贝 ｜ *Mizuhopecten yessoensis*

【英文名】ezo scallop, comb shell, ezo giant scallop。

【俗　名】海扇。

【分类检索信息】珍珠贝目 Pterioida，扇贝科 Pectinidae，扇贝属 *Mizuhopecten*。

【主要形态特征】贝壳较大，壳高可超过20cm，右壳黄白色，较突；左壳紫褐色，稍平，较右壳稍小，近圆形。壳顶位于背侧中央，前后两侧壳耳大小相等。右壳的前耳有浅的足丝孔。壳表有15～20条放射肋，右壳肋宽而低矮，肋间狭；左壳肋较细，肋间较宽。壳顶下方有三角形的内韧带，单柱类，闭壳肌大，位于壳的中后部（图2-130）。

【引种来源】1980年由中国科学院海洋研究所和辽宁省水产研究所从日本引进。

【扩散途径】一是养殖扩散：虾夷扇贝已经是我国主要的养殖贝类，由于大多在开阔海域养殖，很容易自然繁殖造成扩散。二是人为遗弃：养殖期间发病后未经专门处理，随意丢入附近海域；消费者购买后未食用的个体被丢弃，偶然进入适宜生活的海域。三是有意引进到自然水域中养殖。

图2-130　虾夷扇贝成体

【分布情况】原产于日本、俄罗斯远东及朝鲜部分水域。在我国北部沿海，尤以山东半岛为多，山东（长岛、威海、蓬莱、石岛、文登）和辽宁（大连、长山岛）等地是主要分布区。

【养殖概况】可海区笼养，也可以底播养殖。在山东、辽宁等北方沿海有大范围的人工养殖，目前已在渤海及黄海北部形成规模化和产业化养殖，成为中国北方海域养殖的重要经济贝类之一。

【栖息环境】冷水性贝类，分布于底质坚硬、淤沙少的海底。对温度和盐度的要求较严格，正常生活的水温范围为5～23℃，15℃左右为最适宜生长温度，低于5℃生长缓慢，0℃时运动急剧变慢直至停止。适宜盐度范围为24～40，盐度低于24死亡率大大升高。对低溶解氧的耐受力较弱。

【生物学特征】足部退化，以足丝附着在沙石或其他物体上生活，可切断足丝，作短距离游泳和移动，重新选择附着物。个体较大、营养丰富，生长速度较慢，从稚贝开始至壳高11～12cm，最短需19个月。最大壳高可达27.94cm，其寿命约为25年。

初次繁殖年龄为2龄以上，属体外受精、体外发育的贝类，一年多次产卵类型，1次产卵可达1 000万～3 000万粒。

滤食性，摄食细小的浮游植物和浮游动物、细菌以及有机碎屑等。

【可能存在的风险】一是与本地土著种竞争生活空间及饵料资源等，挤占本土物种的生态位。二是造成遗传侵蚀，外来种与本地种杂交，影响本地种的种质。三是通过大量摄食，改变水体中浮游动物和浮游植物的种类组成和数量，影响水域生态环境。

【防控建议】一是加强引种管理和养殖监管。二是开展虾夷扇贝的危害评估，加强宣传教育，提高对虾夷扇贝的认识，减少人为放生。三是提高防控意识，加强对虾夷扇贝养殖的管理，减少养殖逃逸和养殖丢弃的行为。四是对未经允许或违规进行养殖的，以及擅自放生（放流）或丢弃的，县级以上渔业主管部门应当依法进行查处。

（董志国　江苏海洋大学）

6. 欧洲大扇贝 | *Pecten maximus*

【英文名】great scallop。

【俗　名】大海扇蛤、大扇贝。

【分类检索信息】珍珠贝目 Pectinida，扇贝科 Pectinidae，扇贝属 *Pecten*。

【主要形态特征】个体较大，直径可达17cm，壳表有15～17条放射肋。右壳较大，呈白色、黄色或浅棕色，常有暗色的斑点；左壳稍平，较右壳小，呈粉色或棕红色（图2-131）。

图2-131　欧洲大扇贝成体

【引种来源】20世纪90年代由法国、挪威引进。

【扩散途径】欧洲大扇贝自身分布几乎由水文条件决定，因此其扩散途径主要是通过人类。

【分布情况】生活于挪威北部致非洲北部沿海，主要分布于英吉利海峡及冰岛沿海。

【养殖概况】正处于人工育苗和养殖试验阶段，初步认为欧洲大扇贝可能适合在北黄海区养殖及底播增殖，其养殖需要特殊器材，常常采用人工底播的方法。

【栖息环境】自然分布区纬度为25°—65°N，冷水、狭温性贝类，喜清洁的沙底或泥底，适应在5~10m深的水下生活。幼体培育的最适盐度为32左右，适宜盐度为29~38。

【生物学特征】个体硕大，幼体生长变态缓慢，成体入海后生长较快，且在高温季节死亡率较低，3龄贝每千克4~6枚。

雌雄同体，精巢、卵巢体积相近，排卵量较小，排精量大，发育和繁殖期长，在室内9~15℃条件下，5个月内可排卵5次。

滤食性，摄食单胞藻类。球等鞭金藻最适合幼体摄食消化，海洋酵母次之，小球藻、三角褐指藻、扁藻最差。在饵料不足的情况下，与其他种单胞藻混合搭配投喂，幼体存活及变态与单投球等鞭金藻差异不大。

【可能存在的风险】一是与本地土著种竞争生活空间及饵料资源等，挤占本土物种的生态位。二是造成遗传侵蚀，外来种与本地种杂交，影响本地种的种质。三是通过大量摄食，改变水体中浮游动物和浮游植物的种类组成和数量，影响水域生态环境。

【防控建议】一是开展自然水域中欧洲大扇贝的危害评估，加强宣传教育，提高对欧洲大扇贝的认识，减少人为放生。二是提高防控意识，加强对欧洲大扇贝养殖的管理，减少养殖逃逸和养殖丢弃的行为。

（董志国　江苏海洋大学）

7. 墨西哥湾扇贝（海湾扇贝亚种）| *Argopecten irradians concentricus*

【英文名】bay scallop。

【俗　名】墨西哥贝。

【分类检索信息】莺蛤目 Pectinida，扇贝科 Pectinidae，扇贝属 *Argopecten*。

【主要形态特征】多呈圆形，壳中等大小，较凸，具深褐色或紫褐色花斑。壳面有19~21条肋，双壳比海湾扇贝模式亚种更膨凸，肋圆且光滑，肋上有小棘，较平；左壳肋窄，肋间距较宽。壳内面略呈白色，具光泽；肌痕略显，有与壳面相应的对沟。外套膜具有缘膜，触手较细而多，外套眼较大，数目较多（图2-132）。

图2-132　墨西哥湾扇贝成体

【引种来源】1992年中国科学院海洋研究所从美国墨西哥湾引进南方种群，1995年及1997年从美国北卡罗来纳州引进北方种群。

【扩散途径】一是养殖扩散：墨西哥湾扇贝已经是我国主要的养殖贝类，由于大多在开阔海域养殖，是在海域自然繁殖造成扩散的主要原因。二是人为遗弃：养殖期间发病后未经专门处理，随意丢入附近海域；消费者在购买后未食用的个体被丢弃，偶然进入适宜生活的海域。三是有意引进到自然水域中养殖。

【分布情况】原产于大西洋西海岸，从加拿大南部的新斯科舍半岛，经美国的科德角向南延伸至新泽西州和北卡罗来纳州。墨西哥湾扇贝是海湾扇贝的亚种，以养殖为主，在全国沿海均有分布。

【养殖概况】主要在外海采用浮子及延绳筏式网笼吊养，生长速度快，经济价值可观，目前已在我国沿海普遍养殖。

【栖息环境】耐温范围为-2～32℃，生长最适水温在24～28℃，低温限度为3℃。耐盐性较强，适应盐度范围为21～44，最适盐度为25～31。对水质要求较严格，要求水体透明度要大，水深要求一般在8m以上，无污染，底质以泥沙或沙泥为好，溶解氧不低于4mg/L。

【生物学特征】幼虫期营浮游生活，成体能分泌足丝营固着生活。个体较小，生长速度快，养成周期短，一般只需要5～6个月。

雌雄同体，在人工育苗的过程中存在自交现象，性成熟年龄为1龄，一年有春、秋两个生殖期。亲贝采卵量46万～74万粒，受精卵发育的盐度范围17～35，最适27左右。

滤食性，摄食单胞藻类，球等鞭金藻最适合其幼体摄食消化。

【可能存在的风险】一是与本地土著种竞争生活空间及饵料资源等，挤占本土物种的生态位。二是造成遗传侵蚀，外来种与本地种杂交，影响本地种的种质。三是通过大量摄食，改变水体中浮游动物和浮游植物的种类组成和数量，影响水域生态环境。

【防控建议】一是加强引种管理和养殖监管。二是开展墨西哥湾扇贝的危害评估，加强宣传教育，提高对墨西哥湾扇贝的认识，减少人为放生。三是提高防控意识，加强对墨西哥湾扇贝养殖的管理，减少养殖逃逸和养殖丢弃的行为。四是对未经允许或违规进行养殖的，以及擅自放生（放流）或丢弃的，县级以上渔业主管部门应当依法进行查处。

（董志国　江苏海洋大学）

8. 太平洋牡蛎 ｜ *Crassostrea gigas*

【英文名】Pacific oyster。

【俗　名】海蛎子、长牡蛎。

【分类检索信息】珍珠贝目 Pterioida，牡蛎科 Ostreidae，巨牡蛎属 *Crassostrea*。

【主要形态特征】贝壳呈长形或椭圆形，生活环境不同壳的形态有所差异。壳大而薄，两壳大小不等，左壳深陷，鳞片粗大，左壳大于右壳，壳顶短而尖，腹缘圆。右壳较平，壳表面有软薄波纹状环生鳞片，排列稀疏呈紫色或淡黄色，放射肋不明显。壳表面呈淡紫色、灰白色或黄褐色。壳内面白色，有光泽。铰合部无齿。内韧带槽宽大。外套膜边缘具茶褐色或黑色的条纹（图2-133）。

图2-133　太平洋牡蛎成体

【与相近种的比较鉴别】见表2-34和图2-134。

表2-34　太平洋牡蛎和美洲牡蛎形态特征比较

种类	壳厚	壳外部色	壳内部色
太平洋牡蛎	薄	淡紫色、灰白色或黄褐色	白色，有光泽
美洲牡蛎	较厚	暗灰色	肌痕处为深紫色，其余为白色

太平洋牡蛎

美洲牡蛎

图2-134　太平洋牡蛎和美洲牡蛎形态特征比较

【引种来源】1979年由浙江省海洋水产研究所从日本引进。

【扩散途径】一是养殖扩散：太平洋牡蛎已经是我国主要的养殖贝类，由于大多在开阔海域养殖，很容易自然繁殖造成扩散。二是人为遗弃：养殖期间发病后未经专门处理，随意丢入附近海域；消费者在购买后未食用的个体被丢弃，偶然进入适宜生活的海域。三是偶然扩散：由于是固着生物，部分地区被视为污损附着生物，有可能附着在船体被带入其他海域。四是有意引进到自然水域中养殖。

【分布情况】原产于日本海域。在我国沿海均有分布，南方沿海数量较多。

【养殖概况】主要有延绳养殖和浮筏式养殖，辽宁、山东、浙江、福建、广东等沿海地区均有养殖。近年来单体牡蛎养殖和多倍体牡蛎养殖越来越多，个体大小以单体牡蛎大，个体大小同时受养殖环境的影响。

【栖息环境】营固着生活，以左壳固着于坚硬的物体上。有群居习性，群居时互相挤压，外壳常呈不规则状，易形成牡蛎礁。为广温、广盐性贝类，有很强的环境适应能力，可在盐度为10～37的海区生长，其最适生长盐度范围为20～30。可在水温－3～32℃范围内生长，最适生长水温是5～28℃。主要栖息于低潮线附近至水深20m的低盐度水域海底。

【生物学特征】足部退化，终生以左壳或壳顶固着在岩礁及他物体上，各龄个体堆聚一起生长。以开闭右壳运动，进行摄食、呼吸、生殖、排泄和御敌。

性别不稳定，雌雄异体与雌雄同体及雌与雄间均可相互转换。体外受精。性腺成熟时，雄性呈乳白色，雌性略带黄色。1龄可达性成熟。生殖期为6—7月。

滤食性，主食海水中的浮游藻类和有机碎屑。

【可能存在的风险】一是与本地土著种竞争生活空间及饵料资源等，挤占本土物种的生态位。二是造成遗传侵蚀，外来种与本地种杂交，影响本地种的种质。三是通过大量摄食，改变水体中浮游动物和浮游植物的种类组成和数量，影响水域生态环境。四是在某些地区会以附着生物的形式出现，给海洋工程设施造成一定风险。

【防控建议】一是加强引种管理和养殖监管。二是开展太平洋牡蛎的危害评估，加强宣传教育，提高对太平洋牡蛎的认识，减少人为放生。三是提高防控意识，加强对太平洋牡蛎养殖的管理，减少养殖逃逸和养殖丢弃的行为。四是对未经允许或违规进行养殖的，以及擅自放生（放流）或丢弃的，县级以上渔业主管部门应当依法进行查处。

（董志国　江苏海洋大学）

9. 美洲牡蛎 | *Crassostrea virginica*

【英文名】American oyster, Virginia oyster。

【俗　名】大西洋牡蛎。

【分类检索信息】珍珠贝目 Pterioida，牡蛎科 Ostreidae，巨牡蛎属 *Crassostrea*。

【主要形态特征】贝壳呈长形或椭圆形，相对较大，能长到10cm，壳较厚，环境不同，形态和大小有所差异。壳外部呈暗灰色，内部在肌痕处为深紫色，其余为白色。一侧壳凸起，另一侧较平，上有同心圆排列的波纹状环生鳞片（图2-135）。

图2-135　美洲牡蛎成体

【引种来源】1983年由威海市水产局引进，经选育后在我国养殖。

【扩散途径】一是养殖扩散：美洲牡蛎在我国养殖不多，主要在开阔海域养殖，很容易自然繁殖造成扩散。二是人为遗弃：养殖期间发病后未经专门处理，随意丢入附近海域；消费者在购买后未食用的个体被丢弃，偶然进入适宜生活的海域。三是有意引进到自然水域中养殖。

【分布情况】原产于美国大西洋沿岸。在我国主要分布于山东沿海，尤其是威海海域。

【养殖概况】山东威海等沿海地区有养殖，由于生长缓慢，我国总体养殖数量较少。

【栖息环境】营固着生活。广温、广盐种，对环境的适应能力很强，喜低盐度的河口、海湾等，在淡水或高盐度海水中能长时间存活。潮上带和潮下带均有分布，0℃低温可存活。

【生物学特征】个体较大，生长缓慢，不喜欢拥挤，空间竞争是造成死亡的重要原因。生长周期长，寿命可达20年，后期壳体基本不变化，但是性腺仍然会发育与萎缩。雌性异体，2龄才能性成熟，卵生型。亲贝将成熟的精、卵排出体外，体外受精。滤食性，主食海水中的浮游藻类和有机碎屑。

【可能存在的风险】一是与本地土著种竞争生活空间及饵料资源等，挤占本土物种的生态位。二是造成遗传侵蚀，外来种与本地种杂交，影响本地种的种质。三是通过大量摄食，改变水体中浮游动物和浮游植物的种类组成和数量，影响水域生态环境。

【防控建议】一是加强引种管理和养殖监管。二是开展美洲牡蛎的危害评估，加强宣传教育，提高对美洲牡蛎的认识，减少人为放生。三是提高防控意识，加强对美洲牡蛎养殖的管理，减少养殖逃逸和养殖丢弃的行为。四是对未经允许或违规进行养殖的，以及擅自放生（放流）或丢弃的，县级以上渔业主管部门应当依法进行查处。

（董志国　江苏海洋大学）

10. 高雅海神蛤 ｜ *Panopea abrupta*

【英文名】geoduck。

【俗　名】象鼻蚌、象拔蚌。

【分类检索信息】海螂目 Myoida，缝栖蛤科 Hiatellidae，潜泥蛤属 *Panopea*。

【主要形态特征】圆柱形，肉柱细小且具有收缩性，软体部主要由硕大的水管构成。

两扇壳大小相同，薄且脆，前端有锯齿、副壳、水管，壳上有生长轮纹。因其水管肥大粗壮，形状很似象拔，故又被称为"象拔蚌"。成体软体部大，具有伸缩性的水管可伸出壳外，觅食时可伸长达1m左右（图2-136）。

图2-136 高雅海神蛤成体

【引种来源】20世纪80年代中期，从我国香港引入内地。1998年山东省海洋水产研究所从美国、加拿大分5批引进种贝近500个。

【扩散途径】一是养殖扩散：高雅海神蛤已经是我国主要的养殖贝类，由于大多在开阔海域养殖，很容易自然繁殖造成扩散。二是人为遗弃：养殖期间发病后未经专门处理，随意丢入附近海域；消费者在购买后未食用的个体被丢弃，偶然进入适宜生活的海域。

【分布情况】原产于太平洋东北部的阿拉斯加到加利福尼亚湾。在我国养殖较多，在辽宁、山东等地沿海地区均有分布。

【养殖概况】辽宁、山东等沿海地区有养殖，适宜底播养殖。养殖期间死亡率很低，一般只有0.01%~0.05%，投放10mm左右的种苗经过4年左右的时间，体重可达到700g。

【栖息环境】埋栖型贝类，低温高盐种类，生活海区的水温为3~23℃，经人工养殖3年驯化，可适应水温为0~25℃，盐度为27~32，栖息底质以沙泥为主，水深3~18m，其埋栖深度与个体大小有关，一般为50~80cm。除短暂的浮游幼虫阶段，终生营穴居生活。

【生物学特征】幼贝具有很强的潜沙能力，3年后定居在海底的底质中，仅以粗大的水管露出海底，用以呼吸、滤食，遇到刺激后立即缩入穴中。幼贝的潜沙能力与足的发育息息相关，在壳长5～10cm时，它们有相对较大、发育很好的足，潜沙能力很强，完全潜入只需5min。随着贝体长大，足逐渐退化，到壳长15cm以上时，即失去匍匐和潜沙能力。其埋栖深度因底质性质而异，通常为0.6～1.0m。在自然海区还有明显的群聚现象。

雌雄异体，雌、雄生殖腺在繁殖季节覆盖大部分内脏团，均为乳白色，外观不易区分。性成熟年龄一般为3～5龄，壳长为45～75mm。繁殖季节一般在4—6月。繁殖期间的水温为12～16℃，可以多次产卵，个体产卵量为700万～1 000万粒，最大个体产卵量可超过2 000万粒。

滤食性，主要以海水中的单胞藻类为食，也滤食沉积物和有机碎屑。

【可能存在的风险】一是与本地土著种竞争生活空间及饵料资源等，挤占本土物种的生态位。二是通过大量摄食，改变水体中浮游动物和浮游植物的种类组成和数量，影响水域生态环境。

【防控建议】一是开展自然水域中高雅海神蛤的危害评估，加强宣传教育，提高对高雅海神蛤的认识，减少人为放生。二是提高防控意识，加强对高雅海神蛤养殖的管理，减少养殖逃逸和养殖丢弃的行为。三是优化养殖结构布局，推进其在适生区以外的区域养殖。

（董志国　江苏海洋大学）

11. 硬壳蛤 | *Mercenaria mercenaria*

【英文名】hard-shell clam，cherrystone。

【俗　名】四不像、小圆蛤、美洲帘蛤。

【分类检索信息】帘蛤目 Venerida，帘蛤科 Veneridae，硬壳蛤属 *Mercenaria*。

【主要形态特征】双壳类，最大个体壳长达108mm。外形呈三角卵圆形，后端略突出，壳质坚厚，外表面较平滑，有十分明显且细密的生长轮纹，壳表有黄色或黄褐色斑块，后缘青色，壳顶区为淡黄色，壳缘部为褐色或黑青色。壳内面洁白光滑，有明显的前、后闭壳肌痕（图2-137）。

图2-137　硬壳蛤成体（中国科学院海洋研究所张涛　供图）

【与相近种的比较鉴别】见表2-35和图2-138。

表2-35　硬壳蛤和文蛤形态特征比较

种类	大小	壳色	壳表
硬壳蛤	较大，可达200g以上	黄色或黄褐色斑块，后缘青色	光滑
文蛤	较小，一般不超过50g	红、黄等	粗糙

硬壳蛤　　　　　　　　　　　　　　　文蛤

图2-138　硬壳蛤和文蛤形态特征比较

【引种来源】1997年由中国科学院海洋研究所首次从美国引进；1998—1999年浙江省海洋水产研究所从美国新泽西州引进；2000年大连市海洋与渔业局亦从美国引进。

【养殖概况】我国沿海地区均有养殖。该贝生长快速：规格为1 000～2 000粒/kg的苗种经过7～8个月的养殖可长到商品贝，平均壳长达到（51.36±5.84）mm，平均体重达到

（45.84±19.10）g。另外，该贝产量高，每667m²产量可超过500kg，故而近年来养殖面积增长迅速。

【扩散途径】一是养殖扩散：硬壳蛤已经是我国主要的养殖贝类，由于大多在开阔海域养殖，很容易在海域自然繁殖造成扩散。二是人为遗弃：养殖期间发病后未经专门处理，随意丢入附近海域；消费者在购买后未食用的个体被丢弃，偶然进入适宜生活的海域。三是增殖放流：部分地区作为增殖放流对象投放到自然水域。

【分布情况】原产于美国东海岸，在美国大西洋沿岸均有分布。在我国福建、山东、辽宁、江苏、浙江等沿海均有分布。

【栖息环境】属埋栖滩涂贝类。在含有贝壳的软沙质底最多，在沙质注底、沙泥注底和泥底也有分布。对环境适应性强，耐温、耐盐范围广，最适生长水温在20℃左右，高于31℃或低于9℃时生长停止。4℃时会进入类似冬眠的状态，但温度降到0℃也能存活。对盐度的耐受力随年龄的增加而增加，适宜的溶解氧含量是4.2mg/L以上。

【生物学特征】生长速度因地理位置和季节不同而有所变化。在北部地区生长只在夏季水温接近20℃时，这是该种的最适温度。在冬季，水温降至5~6℃时，其生长完全停止。

性成熟年龄1龄，雌雄同体，一般雄性生殖腺先成熟，98%的幼蛤一开始就是雄性。一年多次繁殖，水温22~23℃时硬壳蛤产卵的频率最高。

滤食性，主要以海水中的单胞藻类和有机碎屑为食。

【可能存在的风险】一是在自然水域中定居的硬壳蛤，通过竞争性替代，将本土贝类从其适宜的栖息地排除，影响本土贝类的生存和繁殖。二是食量大，在自然水体中通过大量摄食藻类和其他浮游生物，导致其他滤食性贝类的食物来源减少，从而改变水域生态系统的营养关系；另外浮游生物的减少也会导致水域生态系统结构和功能的改变。三是硬壳蛤生长迅速、繁殖量大，其排泄物的大量积累也将增加有机物的污染和导致水体缺氧，使其他蛤类均不能生存。硬壳蛤数量增多可能是导致本土蛤消失的重要原因。四是市场上存在硬壳蛤冒充文蛤出售的现象。

【防控建议】一是开展自然水域中硬壳蛤的危害评估，加强宣传教育，提高对硬壳蛤的认识，减少人为放生。二是提高防控意识，加强对硬壳蛤养殖的管理，减少养殖逃逸和养殖丢弃的行为。三是优化养殖结构布局，推进其在适生区以外的区域养殖。四是开展针对性的控制实践，对危害农业生产或严重影响水域生态环境的硬壳蛤开展定点防控。

（董志国　江苏海洋大学）

12. 沙筛贝 | *Mytilopsis sallei*

【英文名】hard-shell clam，cherrystone。

【俗　名】萨氏仿贻贝。

【分类检索信息】帘蛤目 Myida，饰贝科 Dreissenidae，仿贻贝属 *Mytilopsis*。

【主要形态特征】壳表黑黄灰色，粗糙，壳体较薄，具鳞片状壳皮。两壳的形状及大小不一样，右壳较小，凸向较大；左壳凹入。壳长2～32mm，大多数为10～20mm（图2-139）。

图2-139　沙筛贝（厦门大学柯才焕　供图）

【与相近种的比较鉴别】见表2-36和图2-140。

表2-36　沙筛贝、紫贻贝和地中海贻贝形态特征比较

种类	大小	壳表	双壳形状	软体部分
沙筛贝	较小，2～32mm	黑黄灰色，粗糙，具鳞片状壳皮	右壳较小，凸向较大，左壳凹入	壳厚，软体部分小
紫贻贝	较大，一般60～80mm	紫黑色，具有光泽	两壳相等，左右对称	壳薄，软体部分大
地中海贻贝	大，通常50～80mm，最大可达到150mm	深蓝色、棕色至近黑色	贝壳末端的边缘一边是稍弯曲的壳嘴，另一边是圆形	壳薄，软体部分较大

沙筛贝

地中海贻贝

紫贻贝

图2-140　沙筛贝、地中海贻贝和紫贻贝形态特征比较

【扩散途径】沙筛贝是典型的污损生物，没有引进养殖价值。在我国出现主要是船只偶然带入，例如附着在船底、压舱水中的卵等。

【分布情况】主要分布在中美洲及加勒比海域、西印度洋群岛海域。我国福建、广东、广西、海南和香港、台湾等地的海区均有发现。

【养殖概况】典型污损生物，食用价值不高，无养殖价值。

【栖息环境】属污损生物，生活在水流不畅通的内湾或围垦的浅水，能适应不同温度和盐度，甚至是高污染的环境。

【生物学特征】适应性极强，在水质较差的环境下仍能存活。生长迅速，对附着环境要求不高，在各大海区均能生长。附着生活，有群集现象。

性成熟早，一般1龄左右便可性成熟。雌性异体，繁殖率高，且成活率极高。

滤食性，主要以海水中的单胞藻类和有机碎屑为食。

【可能存在的风险】一是生活力和繁殖力极强，争夺其他养殖贝类的附着基、饵料和生活空间，造成养殖贝类减产。二是生长迅速、繁殖量大，其排泄物的大量积累也将加剧有机物的污染和水体缺氧。三是造成航道和河道，以及养殖设施设备堵塞。如沙筛贝附着在养殖网箱上会影响渔业生产，同时其大规模附着在海底岩石上，会影响港口通航。

【防控建议】一是杜绝沙筛贝跟随可以携带沙筛贝的工具进行传播，严密注意这些物品，一旦发现，需及时处理。二是开展针对性的控制实践，对危害农业生产或严重影响水域生态环境的沙筛贝开展定点防控。

（董志国　江苏海洋大学）

13. 红鲍 ｜ *Haliotis rufescens*

【英文名】red abalone。

【俗　名】太平洋红鲍、加利福尼亚鲍。

【分类检索信息】原始腹足目 Archaeogastropoda，鲍科 Haliotidae，鲍属*Haliotis*。

【主要形态特征】鲍科动物中体型最大的一种，壳表呈暗红色，呈波浪状，最大个体体重在2kg左右，贝壳直径可达28cm以上。壳内面光洁呈彩虹色。肌痕大而明显，具绿色光泽。壳外缘向内延伸，至珍珠层边缘处形成一条狭窄的红边。呼吸孔卵圆形呈管状略向外突起，一般有3~4个开孔。软体部和上足光滑，通常为黑色，有时具明暗相间的条纹。上足边缘呈扇形。具黑色触手略向壳外缘延伸。某些个体上足上缘触手略向壳外缘伸出（图2-141）。

【与相近种的比较鉴别】红鲍和美国绿鲍形态差异比较见表2-37和图2-142。

表2-37　红鲍和美国绿鲍形态差异比较

种类	壳特征	呼吸孔（个）	壳内颜色
红鲍	壳表呈暗红色，呈波浪状	3~4	壳内面光洁呈彩虹色
美国绿鲍	壳表呈橄榄绿色并杂有淡红棕色	4~7	壳内具有明亮的红蓝绿虹彩

图2-141　红鲍成体

红鲍

美国绿鲍

图2-142　红鲍和美国绿鲍形态特征差异比较

【引种来源】我国在20世纪70年代末和80年代初曾进行红鲍引种的试验，但未见有成功的报道。1985年大连水产学院从美国加利福尼亚引进的红鲍于当年5月初和6月中旬分别在大连石庙海水养殖场繁殖出后代。

【扩散途径】一是养殖扩散：由于大多在开阔海域养殖，很容易自然繁殖造成扩散。二是人为遗弃：人们在购买后未食用的个体被丢弃，偶然进入适宜生活的海域。

【分布情况】原产于美国和墨西哥太平洋沿岸。红鲍为亚热带种类，主要在我国南方高盐海域分布。

【养殖概况】北方地区温度较低，未实现大规模养殖。主要在我国南方沿岸海域养殖，但是由于饵料问题也未能实现规模化养殖。

【栖息环境】于岩礁海底生活，喜在波浪较大、潮流通畅、盐度30～34的外海海区生活。适温范围在6～24℃，最适水温为16～18℃。受精卵的孵化和幼体的发育温度范围为10～23℃。幼鲍和鲍苗对高温有一定的忍受能力，但当温度高于27℃时，会出现死亡现象。

【生物学特征】幼苗夜间常常会爬出水面甚至跑到远离水源的地方去，这种情况尤以1～2cm的鲍苗最常见。如果白天不能及时发现把它们弄回育苗池，就可能会出现鲍苗集体"自杀"的事故。随着幼苗的变形生长，活动能力变差。一般白天不活动，晚上觅食。

胚胎发育后，经过约18个月的生长就能达到性成熟。繁殖时期因种类和海区而异，繁殖时期的最适温度范围14～18℃。性腺发育往往不是同步进行的，一般是雄性发育较快，雌性稍慢。同性别的红鲍，其性腺发育速度参差不齐。

舔食性，以大型藻类或底栖单胞藻类为食。

【可能存在的风险】一是与本地土著种竞争生活空间及饵料资源等，挤占本土物种的生态位。二是造成遗传侵蚀，外来种与本地种杂交，影响本地种的种质。三是通过大量舔食，改变水体中浮游动物和浮游植物的种类组成和数量，影响水域生态环境。

【防控建议】一是加强引种管理和养殖监管。二是开展红鲍的危害评估，加强宣传教育，提高对红鲍的认识，减少人为放生。三是提高防控意识，加强对红鲍养殖的管理，减少养殖逃逸和养殖丢弃的行为。

（董志国　江苏海洋大学）

14. 美国绿鲍 | *Haliotis fulgens*

【英文名】green abalone。

【俗　名】绿鲍、闪光鲍。

【分类检索信息】原始腹足目 Archaeogastropoda，鲍科 Haliotidae，鲍属 *Haliotis*。

【主要形态特征】贝壳呈椭圆形，较薄，壳表颜色为橄榄绿色并杂有淡红棕色，壳内具有明亮的红蓝绿虹彩，壳高最大可达26cm。壳面刻纹规则，具许多凹凸相间的纹沟和肋条。4～7个呼吸孔，较小，呈圆形轻微凸起。肌痕大而明显。上足橄榄色，带有棕色斑点，为带小突起的扇形体，表面粗糙而有皱褶。触手呈淡灰绿色，稍粗厚，从壳下方向上突出（图2-141）。

图2-143　美国绿鲍成体

【引种来源】我国在20世纪70年代末和80年代初曾进行美国绿鲍引种的试验，但未见有成功的报道。1985年大连水产学院从美国加利福尼亚引进并繁殖出后代。1985年广东湛江亦从美国引进。

【养殖概况】属于亚热带种类，难以适应我国北方海域生态条件，未能实现规模化养殖；而在南方沿岸海域，由于没有适应的藻类食物，仅偶有养殖。

【扩散途径】一是养殖扩散：由于大多在开阔海域养殖，很容易自然繁殖造成扩散。二是人为遗弃：人们在购买后未食用的个体被丢弃，偶然进入适宜生活的海域。

【分布情况】原产于美国和墨西哥太平洋沿岸。在我国南方沿海部分水域有分布，数量较少，以养殖为主。

【栖息环境】属暖水性种类，在9~30℃的海洋环境中可以繁殖生长。最适水温范围为18~24℃。稚贝忍受高温的半致死临界温度为31℃。适宜的盐度范围为30~34。垂直分布可以从低潮线附近延伸至水深8m处，在15~20m深处偶尔也可以见到。但绝大多数的美国绿鲍生活于3~6m深处，属于浅水性生物。

【生物学特征】幼苗很少爬出水面。幼体与成体的活动方式有所不同，幼体营浮游生活；成体匍匐爬行，一般白天不活动，晚上觅食。

繁殖时期的最适温度范围为18~22℃。稚贝能忍受较高的温度，在温度高达27℃时，能正常生长且能保持较高的日增长值，甚至在30℃的高温下其日增长值还能达到54μm。

舐食性，以大型藻类或底栖单胞藻类为食。

【可能存在的风险】一是与本地土著种竞争生活空间及饵料资源等，挤占本土物种的生态位。二是造成遗传侵蚀，外来种与本地种杂交，影响本地种的种质。三是通过大量摄食，改变水体中浮游生物的种类组成和数量，影响水域生态环境。

【防控建议】一是开展自然水域中美国绿鲍的危害评估，加强宣传教育，提高对美国绿鲍的认识，减少人为放生。二是提高防控意识，加强对美国绿鲍养殖的管理，减少养殖逃逸和养殖丢弃的行为。三是优化养殖结构布局，推进其在适生区以外的区域养殖。

（董志国　江苏海洋大学）

15. 指甲履螺 | *Crepidula onyx*

【英文名】Ohyx slippersnail。

【俗　名】拖鞋舟螺。

【分类检索信息】中腹足目 Mesogastropoda，帆螺科 Calyptraeidae，履螺属 *Crepidula*。

【主要形态特征】外壳背面呈椭圆形或指甲形，故名。成体呈深褐色，壳长25~40mm。外壳腹面有一块横隔板，板的前缘中央有一处白色小凹痕。具齿舌，各齿外缘有小突起，每行7齿，包括中央齿及1对侧齿、1对内缘侧齿和1对外缘侧齿（图2-144）。

【与相近种的比较鉴别】见表2-38和图2-145。

表2-38　指甲履螺和玫瑰履螺特征差异比较

种类	大小	外壳	壳色
指甲履螺	壳长25~40mm	椭圆形或指甲形	深褐色
玫瑰履螺	壳小，壳长13.7mm	长卵圆形	从白色、黄白色至浅黄褐色及紫红色等（青岛胶州湾的标本多呈白色或淡黄褐色）

【扩散途径】随船舶等无意引入，后经船舶、压舱水等途径扩散至其他水域。

【分布情况】中美洲波多黎各到美国加利福尼亚等地。我国广东沿海分布较多，多在渔船、养殖设施等地方附着。

【养殖概况】污损生物，无养殖价值。

【栖息环境】附着生活或成串群居，适应能力极强，在水质较差的海域仍能存活生长。

附着基多为各种贝类活个体的壳，也附着在水泥柱、铁管上。移动能力差，成贝基本不移动。

【生物学特征】用腹足牢固的吸附在附着基上，除4～12mm的幼体能够移动外，成体基本不移动。个体小，对水质要求不高，生长迅速，密度在994个/m²时也能存活。

图2-144　指甲履螺成体

种群的性相分为4种，即性别未分化的幼体、雄性个体、处在由雄性转变为雌性的个体及雌性个体。繁殖和生长具有季节性特点，所以种群结构会随季节而变。雌性个体在足下孕育着卵块，卵块由卵荚通过系带连在一起形成，卵子藏于卵荚中。

滤食性，主要食藻类。

指甲履螺

玫瑰履螺

图2-145　指甲履螺和玫瑰履螺特征差异比较

【可能存在的风险】附着在船底随过往的船只或各种附着基移动传播，与当地种竞争生态位，给当地水产业造成严重损失。

【防控建议】一是已被定为污损生物，严禁传播，应监视指甲履螺在我国沿海的扩散。二是开展针对性的控制实践，对危害农业生产或严重影响水域生态环境的指甲履螺开展定点防控。

（董志国　江苏海洋大学）

16. 地中海贻贝 | *Mytilus galloprovincialis*

【英文名】Mediterranean mussel。

【俗　名】蓝贻贝。

【分类检索信息】异柱目 Anisomyaria，贻贝科 Mytilidae，贻贝属 *Mytilus*。

【主要形态特征】两片壳接近四边形，颜色呈深蓝色、褐色乃至近黑色，贝壳末端的边缘一边是稍弯曲的壳嘴，另一边是圆形。体型较其他贻贝偏大，体长一般为5~8cm，最长可达15cm（图2-146）。

图2-146　地中海贻贝成体

【引种来源】在19世纪80年代被引进欧洲，随后通过航运或养殖等途径被引种到世界各地，并在20世纪初期成为入侵日本、韩国等国沿海的主要物种。

【养殖概况】我国山东、辽宁、舟山等沿海均有养殖，经人工移养后，其能在南海生长发育，已经形成地中海贻贝产业。

【扩散途径】一是养殖扩散：大多在开阔海域养殖，是在海域自然繁殖造成扩散的主要原因。二是人为遗弃：养殖期间发病后未经专门处理，随意丢入附近海域；消费者在购买后未食用的个体被丢弃，偶然进入适宜生活的海域。

【分布情况】原产于地中海、黑海与亚得里亚海。在我国主要分布于黄海、渤海海区。

【栖息环境】从海岸的礁石到沙质的海底都有分布，作为入侵种通常在水流较快的岩石海岸分布。

【生物学特征】生长速度快，可耐受7d持续暴晒并依然保持较高的存活率，具有入侵生物繁殖力强、适应性强的共性。繁殖迅速，在一些地区会比土著物种有生长优势，繁殖率是本土种的20%~200%。滤食性，主要摄食藻类。

【可能存在的风险】一是与本地土著种竞争生活空间及饵料资源等，挤占本土物种的生态位。二是造成遗传侵蚀，外来种与本地种杂交，影响本地种的种质。三是通过大量摄食，改变水体中浮游动物和浮游植物的种类组成和数量，影响水域生态环境。

【防控建议】一是开展自然水域中地中海贻贝的危害评估，加强宣传教育，提高对地中海贻贝的认识，减少人为放生。二是提高防控意识，加强对地中海贻贝养殖的管理，减少养殖逃逸和养殖丢弃的行为。三是优化养殖结构布局，推进其在适生区以外的区域养殖。

（董志国　江苏海洋大学）

 棘皮类

虾夷马粪海胆 | *Strongylocentrotus intermedius*

【英文名】sea urchin。

【俗　名】中间球海胆。

【分类检索信息】海胆目 Echinoida，球海胆科 Strongylocentrotidae，海胆属 *Strongylocentrotus*。

【主要形态特征】形态与马粪海胆相似。壳坚固，半球形，直径3～6cm。高度约为壳的半径，口面有5枚钙质齿，四周为围口区，不生棘。管足长有C形骨片（图2-147）。

图2-147　虾夷马粪海胆成体

【与相近种的比较鉴别】见表2-39和图2-148。

表2-39　虾夷马粪海胆和马粪海胆形态特征比较

种类	大小	外表颜色	软体部分颜色	棘
虾夷马粪海胆	较大，3~6cm，最大可达10cm以上	浅绿色	红色	较长
马粪海胆	较小，3~4cm	暗绿色或灰绿色	橙色	较短

虾夷马粪海胆

马粪海胆

图2-148　虾夷马粪海胆和海胆形态特征比较

【引种来源】1989年由大连水产学院引进。

【扩散途径】一是养殖扩散：大多在开阔海域养殖，是在海域自然繁殖造成扩散的主要原因。二是人为遗弃：养殖期间发病后未经专门处理，随意丢入附近海域；消费者在购买后未食用的个体被丢弃，偶然进入适宜生活的海域。

【分布情况】原产于俄罗斯远东及日本北海道沿海。我国北部沿海水域，如辽宁、山东等自然水域均有分布。

【养殖概况】养殖器材多为笼或网箱。养殖方式多为筏式或延绳沉底。人工养殖虾夷马粪海胆生长速度快，成活率高，养成商品的成活率可达70%左右。

【栖息环境】栖息于沙砾、岩礁地带的50m浅水域，水深5~20m处分布较多。虾夷马粪海胆属冷水性种类，成体生长适温15~20℃，水温超过20℃则摄食率下降，生长趋缓。20℃时存活下限盐度为19，25℃时存活下限盐度为26，21℃时，盐度22可使其停止摄食，20℃的自然海水中，能持续良好生存至少14d，但停止摄食。在25℃的自然海水中，在48h内死亡率为100%。

【生物学特征】生长较快，个体壳径可达10cm以上。在日本北海道地区产卵后

8~19个月，壳径为4.7~12.0mm，20~22个月为22.8~26.0mm，32~34个月为34.5~39.2，44~46个月为43.0~53.0mm，56~58个月达51.6~57.0mm，68~70个月达59.8~65.1mm。在该地区自然群体壳径达到50.0mm以上一般需要44~56个月，60.0mm以上需要68个月。

性成熟为2龄，雌雄同体。繁殖主要发生在秋季，由于其性腺发育不同步，有些地区从春季至秋季断断续续产卵。我国北方地区自然繁殖季节在9—11月，海区水温12~23℃；繁殖盛期在10月中旬，水温17~18℃。性腺指数10%~25%，壳径6cm左右的虾夷马粪海胆平均产卵量在500粒左右。

虾夷马粪海胆对饵料选择性不强，壳径为8mm以下的稚胆主要食附着硅藻及有机碎屑，后期改食大型藻类，如纤细角刺藻等。

【可能存在的风险】由于盲目引种和杂交所引起的种间、种内的遗传渐渗（即遗传污染）可能造成危害，尚未引起水产养殖界的足够重视。

【防控建议】一是开展自然水域中虾夷马粪海胆的危害评估，加强宣传教育，提高对虾夷马粪海胆的认识，减少人为放生。二是提高防控意识，加强对虾夷马粪海胆养殖的管理，减少养殖逃逸和养殖丢弃的行为。三是优化养殖结构布局，推进其在适生区以外的区域养殖。

（董志国　江苏海洋大学）

十四　爬行、两栖类

1. 大鳄龟 ｜ *Macrochelys temminckii*

【英文名】alligator snapping turtle。

【俗　名】真鳄龟、鳄甲龟、凸背鳄龟。

【分类检索信息】龟鳖目 Testudines，鳄龟科 Chelydridae，大鳄龟属 *Macrochelys*。

【主要形态特征】头部硕大，上下颌角质鞘异常锋利，吻端呈明显的钩状弯曲，似鹰嘴。口腔壁布满色素细胞，舌上有一个淡红色分叉的蠕虫状肉突。眼睛位于头后两侧靠近吻后，小而有神，头和颈上有许多肉突。背甲卵圆形，棕黑色、棕褐色或深褐色。背甲盾片有山峰状突起，在肋盾和缘盾之间还有3对上缘盾。腹甲小，灰白或黄色，十字形，盾片左右对称。四肢粗壮有力，头与四肢不能缩入壳内。尾巴长，有三列纵棘突（图2-149）。

图2-149　大鳄龟

【与相近种的比较鉴别】见表2-40和图2-150。

表2-40　大鳄龟与小鳄龟的主要区别

种类	头部	嘴部	背甲	腹部	尾部
大鳄龟	头尖，上颌似鹰嘴状，钩大	舌头有一个淡红色分叉的蠕虫状肉突，为诱捕猎物的诱饵	背甲甲峰很明显，有3对上缘盾	腹部有无数触须	尾有三列纵棘
小鳄龟	头圆，上颌似钩状，钩小	舌上无蠕虫状肉突	甲峰较平，无上缘盾	腹部仅有少量触须	尾中央有一列纵棘

【引种来源】1998年从美国引进。

【扩散途径】一是引种养殖：不同地区的人为引种。二是养殖逃逸：养殖过程中逃逸。三是养殖丢弃：成龟长大后个体大，需要更大容器，一些养殖爱好者因为养殖空间有限或不再喜欢等原因随意丢弃。

大鳄龟

小鳄龟

图2-150　大鳄龟与小鳄龟的比较

【分布情况】主要分布于美国的西南部及中美洲地区，原产地由于过度捕捉和贩卖而濒临灭绝，被世界濒危野生动物保护红皮书名录收录。我国华南、华东等地有养殖。

【养殖概况】全国大部分省（自治区、直辖市）均有养殖，特别是广东、浙江一带曾引进大量繁殖饲养，主要作为观赏宠物及食用种类。

【栖息环境】属淡水栖龟类，对生活环境要求不高，生活在河流、湖泊、池塘及沼泽中，以鱼类、水鸟、螺、虾及水蛇等为食。

【生物学特征】水温15℃以下冬眠，18℃以上正常进食，20～33℃为最佳活动和进食温度，34℃以上少量活动，伏在水底及泥沙中避暑。雄龟几乎终生生活在水中，雌龟只有在产卵时才上岸。

产卵时间为每年的4—8月，每年可产卵1～3次，每窝卵有11～30枚，通常有20～30枚。卵壳坚硬，白色，圆球形，外表略粗糙，直径23～33mm，经2～3个月孵化出苗。

【可能存在的风险】一是有主动攻击人类的可能。大鳄龟生长迅速，生性凶猛，具有较强的攻击性，在德国就有咬伤小孩的报道。另外大鳄龟咬合力比较强，体长30cm

以上的个体咬到人手指就可以使人断指；体长40～50cm，咬鸡腿时，可导致鸡腿骨头断裂。二是缺乏天敌，如果放生野外，会对本地水生动物构成严重威胁，对生态环境有巨大危害。

【防控建议】一是加强大鳄龟引种和养殖监管，防止逃逸扩散和随意杂交。有的人养殖一段时间后可能弃养，应禁止野外放生。二是对野外捕获的大鳄龟应进行无害化处理，严禁放生或丢弃。三是加大宣传力度，提高外来物种的危害防控意识。

（杨叶欣 中国水产科学研究院珠江水产研究所）

2. 小鳄龟 ｜ *Chelydra serpentina*

【英文名】Common snapping turtle。

【俗　名】拟鳄龟、平背鳄龟、蛇鳄龟。

【分类检索信息】龟鳖目 Testudormes，鳄龟科 Chelydridae，鳄龟属 *Chelydra*。

【主要形态特征】龟头部棕褐色，呈三角形，上颌似钩状，有少量触须。背甲卵圆形，棕黄色或黑褐色，有3条纵行棱脊，肋盾略隆起，随着时间推移棱脊逐渐磨耗。每块盾片具棘状突起，腹甲较小，十字形，灰白色或黄色。四肢肥大粗壮，具覆瓦状鳞片，不能完全缩入壳内。指、趾间具发达蹼。尾巴长而尖，中央有一列纵棘突（图2-151）。

【引种来源】原产于北美，1997年作为观赏龟首次引进中国。

【扩散途径】一是引种养殖：不同地区的人为引种。二是养殖逃逸：人工饲养场养殖管理不善等造成的逃逸。三是养殖丢弃：养殖爱好者养殖一段时间后不喜欢，或龟长大后需要更大空间，可能被丢弃。

【分布情况】分布于美国东部、加拿大南部、墨西哥东南部到哥伦比亚及厄瓜多尔。

【养殖概况】2004年在我国推广养殖，目前全国大部分省（自治区、直辖市）均有养殖，主要作为观赏宠物及食用种类。

【栖息环境】属水栖龟类，喜栖息在有松软的底泥和水草的河、塘及湖泊中。既可以生活于淡水中，也可以生活于含盐量低的咸水中。

【生物学特征】20～38℃正常生活，12℃以下进入浅冬眠状态，6℃时进入深度冬眠，15～17℃少量活动，18℃以上正常摄食，最佳生长温度是20～33℃，34℃以上少动，伏在水底及泥沙中避暑。

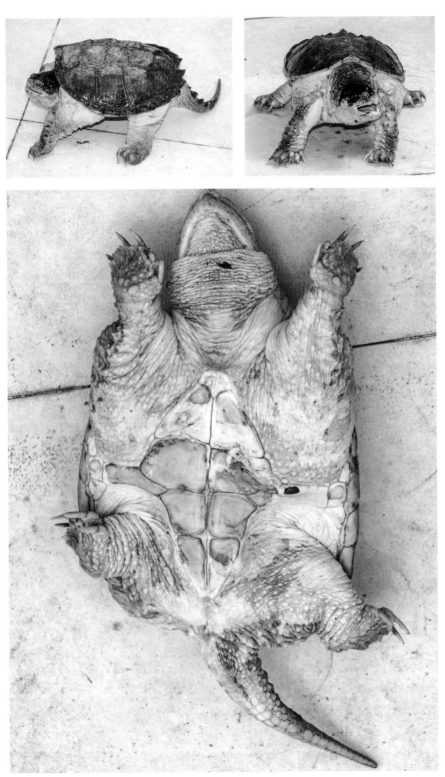

图2-151　小鳄龟

小鳄龟的交配期在美国为4—11月，在我国长江中下游地区产卵期为5—8月（高温地区可提前和延长产卵时间）。一般每次产卵15～40枚，全年产卵30～120枚，实际情况因亲龟的大小和发育程度而变化。卵呈白色，圆球形，直径23～33mm，重7～15g。孵化期为55～125d。

偏肉食性，在自然界觅食小鱼、小虾、昆虫、蚯蚓、水螨、鱼卵、蟾蜍及藻类等。人工饲养条件下，食鱼、瘦肉等动物性饵料，也食黄瓜、香蕉等瓜果蔬菜。喜夜间活动、摄食。

【可能存在的风险】造成的生态风险目前尚未见报道，但其生长迅速，生性凶猛，具有很强的攻击性。缺乏天敌，如果放生野外，将对本地水生动物和生态环境产生危害。

【防控建议】一是加强小鳄龟引种和养殖监管，防止逃逸扩散和随意杂交。有的人养殖一段时间后可能弃养，应禁止野外放生。二是对野外捕获的小鳄龟应进行无害化处理，严禁放生或丢弃。三是加大宣传力度，提高外来物种的危害防控意识。

（杨叶欣　中国水产科学研究院珠江水产研究所）

3. 巴西红耳龟 | *Trachemys scripta elegans*

【英文名】red-eared slider。

图2-152　巴西红耳龟

【俗　名】巴西龟、红耳龟、巴西彩龟。

【分类检索信息】龟鳖目 Testudoformes，泽龟科 Emydidae，滑龟属 *Trachemys*。

【主要形态特征】头部宽大，光滑无鳞，吻钝，头颈处具有黄绿相间的纵条纹，眼后有一对红色条纹，由此得名。背甲扁平，椭圆形，翠绿色，背部中央有条显著的脊棱，背甲的边缘呈不显著的锯齿状。盾片上具有黄、绿相间的环状条纹，盾片外边缘为金黄色。腹板淡黄色，具有左右对称的不规则黑色圆形、椭圆形和棒形色斑。四肢淡绿色，有灰褐色纵条纹，指、趾间具蹼。尾短（图2-152）。

【与相近种的比较鉴别】其近似种乌龟头颈部是不规则的斑点状纹，四肢无花纹。两者对比见图2-153。

图2-153　巴西红耳龟与乌龟对比图（中国水产科学研究院珠江水产研究所汪学杰　供图）

【引种来源】原产于美国中部至墨西哥北部，20世纪80年代始作为观赏龟引入我国。近几年，我国每年从美国进口巴西红耳龟龟苗。

【扩散途径】一是引种养殖：不同地区的人为引种。二是养殖逃逸：养殖过程中逃逸。三是养殖丢弃：养殖爱好者养殖一段时间后不喜欢随意丢弃，养殖场里部分养殖品相不好的或者生长速度慢的群体被淘汰造成的丢弃。四是人为放生：巴西红耳龟价格便宜，极宜变成放生对象被释放到江河、湖泊等水体中。五是自然扩散：巴西红耳龟在野外自然环境建立种群后的自然扩散。

【分布情况】分布在美国的伊利诺伊州到墨西哥湾。我国河北、河南、陕西、辽宁、四川、湖北、湖南、江西、安徽、山东、江苏、浙江、福建、海南、广东、广西、上海17个省（自治区、直辖市）有巴西红耳龟养殖场的分布，22个省（自治区、直辖市）的104个观测点有巴西红耳龟野外分布记录，主要集中在中南部地区，并且有从沿海到内地、从南方到北方的扩散趋势。

【养殖概况】全国大部分省（自治区、直辖市）均有养殖，主要作为观赏宠物。

【栖息环境】水栖性，对环境的适应能力强，喜静怕噪，生性好动，有群居习性。

【生物学特征】适宜温度为20～34℃，最适温度32℃。温度降至14℃以下时停止摄食，降至11℃以下进入冬眠。性成熟年龄一般在4～5龄，5—9月为繁殖期，1年可产卵3～4次，每次产卵3～19枚，多在黄昏至黎明前进行。杂食性，耐饥饿，喜食肉类及菜叶等。

【可能存在的风险】一是巴西红耳龟对饵料占有性强，在生存空间中占据优势，一旦进入江河，将大量捕食小型鱼、贝以及蛙类的卵和蝌蚪，掠夺其他生物的生存资源，使其生存受到毁灭性打击，排斥、挤压本土龟类的生存空间。二是与本地龟类杂交，导致本土龟类的遗传结构改变甚至衰亡。三是可作为沙门杆菌的重要传播媒介。四是食性广，适应能力强，易造成入侵和扩散，被IUCN收录为100种最具破坏力的入侵生物之一。五是2015年6月近万只巴西红耳龟被福州市民放生闽江，当地渔业执法部门不得不组织捕捞渔船全力追捕巴西红耳龟。

【防控建议】一是加强巴西红耳龟引种和养殖监管，防止逃逸扩散和随意杂交。二是对野外捕获的巴西红耳龟应进行无害化处理，严禁放生或丢弃。三是对已出现巴西红耳龟定居种群的区域，应组织开展针对性的捕捞和灭除，以降低其危害。四是加大宣传力度，提高外来物种的危害防控意识。

（杨叶欣 中国水产科学研究院珠江水产研究所）

4. 泰国虎纹蛙 | *Hoplobatrachus tigerinus*

【英文名】tiger frog。

【俗　名】泰国青蛙、泰蛙。

【分类检索信息】无尾目 Anura，蛙科 Ranidae，虎纹蛙属 *Hoplobatrachus*。

【主要形态特征】头短小，呈三角形，皮肤粗糙，背部两侧各有数条不规则的短肤褶，长短不一，若断若续。背部颜色因饲养环境不同而呈黑灰、棕灰、墨绿等色，并附有不规则的黑斑，无背侧褶。腹面白色，四肢有黑斑纹。雌蛙体型较大，雄蛙稍小（图2-154）。个体适中，外观酷似本地虎纹蛙。

【引种来源】原产于泰国，1995年泰国华侨引进到海南省琼山市大致坡镇进行人工试养，1997年取得成功后迅速推广到琼山、文昌、海口等地养殖，随后又推广到湛江市以及珠江三角洲等地区进行人工养殖。

【扩散途径】一是引种养殖：不同地区的人为引种。二是养殖逃逸：养殖过程中逃逸。三是自然扩散：在野外自然环境建立种群后的自然扩散。

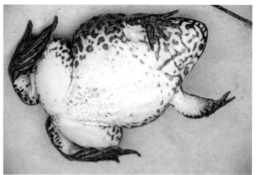

图2-154 泰国虎纹蛙

【分布情况】原产于泰国，现分布于我国南方大部分地区。

【养殖概况】海南、珠三角地区大量养殖。

【栖息环境】成蛙喜栖息在养殖池周边阴暗、潮湿的洞穴、杂草和水草的下面或遮阳良好的食物台上。蝌蚪喜欢生活在静水中，一般栖息在水底。

【生物学特征】与本地虎纹蛙相似，是一种热带性蛙类。泰国虎纹蛙抱对、受精、胚胎发育及蝌蚪的生长发育都离不开水。适宜生长繁殖的温度为15~35℃，最适的温度为25~30℃。当气温下降到25℃以下时，蝌蚪和蛙的活动逐渐减弱，摄食量下降，气温下降到15℃时，则停止摄食和活动。喜群居，会发生互相残杀现象，常发生大蛙吃小蛙、大蝌蚪吃小蝌蚪的现象。

性成熟年龄一般为1龄，属多次产卵型，一年可产卵3~4次，产卵季节为4—9月。

蝌蚪是杂食性的，摄食水中藻类、植物碎屑、水蚤、水蚯蚓和小鱼苗等，幼蛙与成蛙是肉食性的，一般捕食蚯蚓、黄粉虫、蝇蛆以及小鱼虾等。

【可能存在的风险】一是与本地虎纹蛙竞争栖息地、食物资源，抑制本地虎纹蛙生长，造成本地物种种群数量减少。二是与本地虎纹蛙种杂交，严重危害本地虎纹蛙种质资源。

【防控建议】一是加强泰国虎纹蛙引种和养殖监管，防止逃逸扩散和随意杂交。二是对野外捕获的泰国虎纹蛙应进行无害化处理，严禁放生或丢弃。三是加大宣传力度，提高外来物种的危害防控意识。

（杨叶欣　中国水产科学研究院珠江水产研究）

5. 牛蛙 ｜ *Rana catesbeiana*

【英文名】bullfrog。

【俗　名】美国水蛙、菜蛙。

【分类检索信息】无尾目 Anura，蛙科 Ranidae，蛙属 *Rana*。

【主要形态特征】雄蛙咽部有1对内声囊，雌蛙无。雄蛙鸣叫声如牛而得名。牛蛙头宽而扁，略呈三角形，前肢短，后肢较长，肌肉发达，弹跳有力。体大粗壮，吻端钝圆，雌性的鼓膜约与眼等大，雄性的则明显大于眼。皮肤通常光滑，背部有橄榄绿的颜色，体色因环境不同变化很大，从绿色至棕色均有，通常夹杂有棕色斑点，具有深浅不一的虎斑状条纹。无背侧褶。腹面白色，有时有灰色斑。前肢4指，无蹼；后肢发达，5趾，第4趾较其他趾长许多，蹼不能完全达趾端（图2-155）。

【与相近种的比较鉴别】见表2-41。

表2-41　牛蛙与沼泽绿牛蛙的区别

种类	头部	眼部	背部	个体大小	第四趾	蹼	鸣叫声
牛蛙	头长与头宽几乎相等，较大且扁，呈鲜绿色，头颅较圆	眼大突出，鼓膜明显较大	背部有极微细的肤棱，没有明显肤沟	成蛙体长12.7~20.3cm，体重500~2 000g，个体较大	第4趾较其他趾长许多	蹼不能完全达趾端	鸣叫声大，酷似黄牛叫
沼泽绿牛蛙	头长比头宽略长、较小，呈黄褐色，头颅略尖	眼小突出，鼓膜明显，但不发达	背部沿中线有一条明显的纵肤沟	成蛙体长13cm左右，体重500g，个体略小	第4趾较相邻趾略长	蹼完全达趾端	鸣叫声小，平时不常叫，发出"嗷嗷"声

图2-155 牛 蛙

【引种来源】1959年首次引入我国。

【扩散途径】一是人为引种：不同地区的人为引种。二是养殖逃逸：养殖过程中逃逸。三是养殖丢弃：牛蛙价格过低导致养殖户弃养。四是自然扩散：牛蛙在野外自然环境建立种群后的自然扩散。

【分布情况】原产于北美洲，目前已遍及世界各大洲。我国北京以南大部分省（自治区、直辖市）均有养殖，2004年在四川、云南和浙江东部均有自然种群报道，2014年甚至出现在拉萨国家级自然保护区拉鲁湿地，已成为我国的两栖动物资源和区系研究中不可忽视的一部分。

【养殖概况】1959年引入我国，先后在北京、上海、天津、甘肃、四川、云南、南京、杭州、福州、广州、厦门、宁波、中山、湛江等多地进行驯养，直到1990年才开始在国内大范围饲养。

【栖息环境】喜欢栖息于高温潮湿、有部分遮盖阳光设施的水体中，尤其岸边有野草生长的环境。

【生物学特征】1～2龄达性成熟，每年4—7月为产卵繁殖季节。一年产卵2～3次，每次产卵1万粒左右。受精卵在水温20～32℃下，约48h便可孵出蝌蚪，70～80d变成幼蛙。温度对牛蛙蝌蚪的生长发育有显著的影响，当温度在22℃以上时，蝌蚪才能完成变态发育，30℃时的变态率最高。

蝌蚪在自然环境中主要以浮游生物、苔藓、水生植物及多种昆虫的幼虫为食。幼蛙和成蛙捕食昆虫、小虾、小蟹等无脊椎动物和小型脊椎动物。

【可能存在的风险】一是在多地已形成自然种群，与当地蛙类形成竞争。二是牛蛙体内存在霍乱弧菌等寄生病菌，是霍乱弧菌的重要传播媒介。三是有导致本地两栖类数量减少和灭绝的风险。四是被IUCN收录为100种最具破坏力的入侵生物之一。

【防控建议】一是加强牛蛙引种和养殖监管，防止逃逸扩散和随意杂交。二是对野外捕获的牛蛙应进行无害化处理，严禁放生或丢弃。三是加大宣传力度，提高外来物种的危害防控意识。

（杨叶欣 中国水产科学研究院珠江水产研究所）

6. 沼泽绿牛蛙 | *Rana grylio*

【英文名】pig frog。

【俗　名】美国青蛙、猪蛙。

【分类检索信息】无尾目 Anura，蛙科 Ranidae，蛙属 *Rana*。

【主要形态特征】体形与一般青蛙相似，个体比一般青蛙大，但比牛蛙小，较大个体500g左右。蛙体粗壮扁平，头宽而扁，鼓膜不甚发达，眼小突出。肤色一般呈黄褐色，可随环境而变化，具有深浅不一的圆形或椭圆形斑纹，腹部白色。前肢较小，后肢粗大发达，不善于跳跃。性情温和，平时不常鸣叫，只发出"嗷嗷"声（图2-156）。

图2-156　沼泽绿牛蛙成体（全国水产技术推广总站、中国水产学会罗刚　供图）

【引种来源】1987年广东首次从美国引进。

【扩散途径】一是引种养殖：人为引种。二是养殖逃逸：养殖过程中逃逸。

【分布情况】分布在南卡罗来纳州至得克萨斯州。

【养殖概况】我国在湖北、湖南、吉林、四川、广西等地均有人工养殖。

【栖息环境】喜栖息在水陆生有野草的水环境周围，水陆两栖，行群居习性。

【生物学特征】1～37℃均可生存，最适18～32℃，0℃以下钻入洞穴中开始休眠，10℃以上可摄食、活动。生长迅速，蝌蚪经60～80d变态为体重约4g的幼蛙，幼蛙在食物充足的情况下4个月可长到250g，10个月可达450g。

7～8月龄即性成熟，5—9月为繁殖季节，一只雌蛙一次可产卵2 000～5 000粒，卵粒相互粘连成块状，附着在水草的根须上。一般2～3d就可孵出小蝌蚪。

喜食各种活的小鱼虾、蚯蚓、昆虫等，食物不足时，大蛙也会吃小蛙。刚孵出的蝌蚪以卵黄囊为营养，3～4d后摄食水中的腐殖质。

【可能存在的风险】一是挤占生态位，与本地蛙类竞争生活空间和饵料资源等。二是摄食本地两栖类，影响本地生物多样性。

【防控建议】一是加强沼泽绿牛蛙引种和养殖监管，防止逃逸扩散和随意杂交。二是对野外捕获的沼泽绿牛蛙应进行无害化处理，严禁放生或丢弃。三是加大宣传力度，提高外来物种的危害防控意识。

（杨叶欣　中国水产科学研究院珠江水产研究所）

7. 墨西哥钝口螈 | *Ambystoma mexicanum*

【英文名】axoloti。

【俗　　名】六角恐龙、美西螈。

【分类检索信息】有尾目 Caudata，钝口螈科 Ambystomatidae，钝口螈属 *Ambystoma*。

【主要形态特征】头部宽大，眼小，无眼睑，有明显的肋骨间沟。皮肤光滑无鳞，角质层会定期蜕皮，体色本色通常为深棕色略带黑色斑点，常见的有白化体和白色突变体，也有其他颜色的突变体。不具鼓室和鼓膜，舌呈椭圆形，舌端不能外翻摄食。犁骨齿纤细，无咀嚼功能，有防止捕获物从口中溜滑逃跑的作用。四肢较小；尾巴很长，末端侧扁，厚实有褶皱。背鳍自头向后延伸一直到尾端，腹鳍从两个后肢中间延伸到尾巴的末端。头后有3对羽状外鳃，因此得名"六角恐龙"（图2-157）。

图2-157　墨西哥钝口螈

【与相近种的比较鉴别】见图2-158。其近似种大鲵隶属于有尾目、隐鳃鲵亚目、隐鳃鲵科；无眼睑，四肢短而粗，趾间有浅蹼。

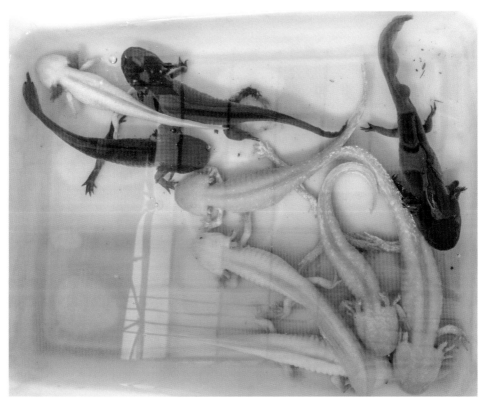

图2-158　墨西哥钝口螈（上）与大鲵（下）对比图（中国水产科学研究院珠江水产研究所汪学杰　供图）

【引种来源】以宠物的形式引进。

【扩散途径】作为观赏宠物被买卖。

【分布情况】分布于墨西哥南部的两个淡水湖——霍奇米尔科湖和奇尔科湖。其原栖息地已被大量开发而极度缩小，已被列入IUCN红色名录，属于濒危物种。在中国已实现人工大量繁殖，已不算是濒危动物了。

【养殖概况】在全球作为宠物而被饲养，特别是北美等地。

【栖息环境】一生都在水中生活，是水栖的两栖类。

【生物学特征】墨西哥的特有种，成年体长在10~25cm，因"幼体成熟"而著称，即从出生到性成熟后仍保持生活在水中时的幼体形态。17~18℃为最佳温度。平均寿命10~15年。可肢体再生。穴居，不好动。视觉差，捕食主要凭嗅觉或侧线。长大后会发出"唔帕鲁帕"的叫声，作为观赏动物深受大众喜爱。

一年到一年半即可性成熟，在水中产卵。雄性无交配器，发情期通过皮肤腺或泄殖腔腺分泌特殊气味吸引雌性。交配时，雄性先排出乳白色精团，然后雌性将精团吸入到其泄殖腔内，尾巴耸起与身体成40°~60°以完成受精。受精卵会分多次排出，直到产卵季节结束。产出的卵粒如蛙卵大小。卵的外面有一层胶状膜裹着。一般每天产3~4粒，也有的可产20~30粒。在整个产卵季中能产200~600粒。卵粒经15~25d孵出，幼仔具3对羽状外鳃和细长的尾巴。

杂食性，捕猎方式独特，通过腹腔的真空力量吸食猎物。主要食物有水藻、蚯蚓、昆虫幼虫、蠕虫、蜘蛛、蝎子、蜈蚣、螺类、小鱼、小虾、蝌蚪以及幼蛙等。

【防控建议】一是加强墨西哥钝口螈引种和养殖监管，防止逃逸扩散。二是对野外捕获的墨西哥钝口螈应进行无害化处理，严禁放生或丢弃。三是加大宣传力度，提高外来物种的危害防控意识。

（杨叶欣　中国水产科学研究院珠江水产研究所）

 **十五　观赏鱼**

1. 红尾皇冠 ｜ *Andinoacara rivulatus*

【英文名】green terror。

【俗　名】绿面皇冠。

【分类检索信息】慈鲷目 Cichliformes，慈鲷科 Cichlidae，慈鲷属 *Andinoacara*。

【主要形态特征】鱼体似棒槌形，最大体长可达30cm。体底色灰褐，全身遍布整齐靓丽的金属蓝和黑色斑点。背鳍、臀鳍延长有拉丝，尾鳍扇形。各鳍条均有亮蓝绿色斑纹，背鳍和尾鳍有橘红色边缘。头大，雄性额头隆起一大肉瘤，俨然如寿星。嘴大，上下颚边缘有小齿（图2-159）。

图2-159　红尾皇冠

【引种来源】原产于南美洲厄瓜多尔、秘鲁等地的河川水域，在原产地是非常重要的食用鱼。20世纪末，由南美洲传入中国香港，后来逐步推广到天津、鞍山、广州、北京等地，受到广大热带观赏鱼爱好者的欢迎。

【扩散途径】家庭观赏养殖弃养；养殖场逃逸。

【分布情况】只在水温20℃以上靠近观赏鱼养殖场水域偶有发现。野外水域暂无发现。

【养殖概况】目前作为观赏鱼养殖多，引进后主要分布在我国南方区域养殖、繁殖，养成商品鱼后销售覆盖全国。

【栖息环境】水流比较平缓，水温20℃以上，水质较好的小河流。

【生物学特征】对水质要求不高，pH 6.5～7.5，水温18～32℃。凶猛肉食性，喜捕抓鱼虾等活饵，也能接受配合饲料。生长迅速。成体雄性好斗，有地盘意识，爱翻底泥和沙子。水质恶化或者波动厉害，鱼体颜色会变暗淡，雄性额头会萎缩。只在有保温系统的人工池塘偶有发现自然繁殖，野外水系暂无发现。

【可能存在的风险】对本土中、小型鱼和虾类可能有一定的捕食和生态占位的危害。

【防控建议】加强观赏鱼类知识和正确的放生知识宣传，禁止把外来品种释放于自然水域。

（刘超　中国水产科学研究院珠江水产研究所）

2. 眼点丽鱼 | *Cichla ocellaris*

【英文名】peacock cichlid。

【俗　名】皇冠三间、金老虎，孔雀鲈。

【分类检索信息】慈鲷目 Cichliformes，慈鲷科 Cichlidae，慈鲷属 *Cichla*。

【主要形态特征】体长50~60cm，体宽而侧扁，头尖背高。口大，上下颚边缘有小齿。双背鳍，尾鳍扇形。成鱼全身金黄色，鱼体侧有暗色花纹和不规格分布的闪亮珠点，发情期雄鱼头部会隆起鲜红的额角，各鳍泛红（图2-160）。

图2-160　眼点丽鱼

【引种来源】原产于亚马孙河流域。

【扩散途径】养殖场逃逸。

【分布情况】分布于南美洲苏里南、圭亚那及法属圭亚那埃塞奎博河及Marowijne河流域，体型硕大，花色美丽，为原产地著名的游钓鱼类及高级食用鱼，同时也是非常著名的观赏鱼类。我国自然水域暂无发现。

【养殖概况】在我国是很受欢迎的大中型观赏鱼品种。主要在南方区域养殖场繁殖培育，再流通到全国各地观赏鱼市场。

【栖息环境】喜清澈、中性至弱酸性的缓流水体。热带鱼类，水温需求较高。

【生物学特征】体质强健，适应能力很强，生长快。pH 6.5～7.5，水温23～28℃。凶猛肉食性，喜捕食活鱼、虾、昆虫等，捕食动作相当迅猛。暂无发现野外能存活和自然繁殖现象。

【可能存在的风险】可能会对本土中、小型鱼类和虾类形成捕食威胁和生态占位。

【防控建议】养殖场防逃；禁止释放于自然水域；加强外来入侵生物知识宣传。

（刘超　中国水产科学研究院珠江水产研究所）

3. 图丽鱼 | *Astronotus ocellatus*

【英文名】Oscar。

【俗　名】地图鱼、猪仔鱼。

【分类检索信息】慈鲷目 Cichliformes，慈鲷科 Cichlidae，图丽鱼属 *Astronotus*。

【主要形态特征】鱼体呈椭圆形，体高，侧扁。尾鳍呈扇形。可长至35cm，头大、口大，体色青黑，成熟后体侧有橘红色至金黄色斑块和条纹，尾柄部有一个带金色至红色边缘的大黑点（图2-161）。

图2-161　图丽鱼

【引种来源】主要分布于南美洲亚马孙河流域及以北地区。

【扩散途径】家庭养殖弃养；养殖场逃逸。

【分布情况】分布于南美洲，在秘鲁、哥伦比亚和巴西的亚马孙河流域。我国仅在观赏鱼养殖场周边小水体偶尔可见。

【养殖概况】作为观赏鱼引进国内养殖历史悠久，目前全国各地都有养殖场自繁自养，培育出不同品相的新品种并在市场销售，是大型观赏鱼中一个主要市场品种。

【栖息环境】喜水质清澈、水温20℃以上的缓流水体。

【生物学特征】憨态可掬，长期喂养能认主人。属大型凶猛肉食性鱼类。pH 6.5～7.5，水温24～32℃。属于相当好养的观赏鱼品种。适合与龙鱼、鹦鹉鱼等大型鱼类混养。发情期地盘意识相当强，性情凶猛，配对鱼会主动攻击其他鱼类。本品种体健少病。暂无发现野外自然繁殖。

【可能存在的风险】可能对本土中小型鱼类、虾类形成捕食威胁和生态占位。

【防控建议】养殖防逃；加强宣传，禁止释放于自然水域。

（刘超　中国水产科学研究院珠江水产研究所）

4. 血鹦鹉 │ *Amphilophus citrinellus* × *Cichlasoma synspilun*

【英文名】blood parrot。

【分类检索信息】慈鲷目 Cichliformes，慈鲷科 Cichlidae。

【主要形态特征】体幅宽厚，尾柄短，体呈椭圆形，头钝圆，嘴小、V形、不能合拢，像张笑脸。背鳍、臀鳍宽并延长出拉丝。身体较厚，最厚处为身体中部，游动略显笨拙。成鱼体长13～15cm。血鹦鹉体色为粉红色或黄色，经过人工扬色处理后变成血红色（图2-162）。

图2-162　血鹦鹉

其他相似品系：

（1）金刚鹦鹉鱼　是血鹦鹉平行的杂种表现型，反交繁殖的后代中出现的几率更高。体形近似圆角长方形，类似红魔鬼鱼（橘色双冠丽鱼），高度与长度比较接近，身体厚度前大后小，体色呈橘红色，背鳍和臀鳍后部鳍条延长，头顶有肉瘤隆起，口裂小，下颌稍凸出，体长可达25～28cm，最大体重可达1.8kg，超过1kg的占20%以上。扬色方法与血鹦鹉鱼相同（图2-163至图2-165）。

图2-163　原色金刚鹦鹉鱼

图2-164　扬色后的金刚鹦鹉鱼（群体）

图2-165 扬色后的金刚鹦鹉鱼（特写图）

（2）元宝鹦鹉鱼（红元宝） 父本、母本与血鹦鹉鱼的父本、母本为相同物种的不同品系，亦即紫红火口鱼和橘色双冠丽鱼的人工选育品系。侧面观肉身（不包括鳍，由头和躯干构成的轮廓）接近圆形，头背部交接部位呈圆滑的弧线。体侧扁，厚度较大，中部厚度与前部差异小，鱼的背鳍和腹鳍非常长，能包住尾鳍。体长可达18～20cm，最大体重可达0.5kg。扬色方法与血鹦鹉鱼相同（图2-166）。

图2-166 扬色后的元宝鹦鹉鱼

（3）财神鹦鹉鱼　父本、母本与血鹦鹉鱼的父本、母本为相同物种的不同品系，形态与元宝鹦鹉鱼相似，个体更大，体长可达22～25cm，最大体重可达1.5kg。扬色方法与血鹦鹉鱼相同（图2-167）。

图2-167　扬色后的财神鹦鹉鱼

【引种来源】血鹦鹉鱼并不是一个自然的物种。1986年前后在我国台湾，随着小型鱼逐步的流行，市场上的大型慈鲷鱼市场日渐萎缩。一个名叫蔡建发的观赏鱼养殖场场主将自己养殖场里的橘色双冠丽鱼（俗称红魔鬼）和红头丽体鱼（俗称紫红火口鱼）混养在同一水池，结果无意中杂交繁育产下极为抢手且震惊水族界的新品种——血鹦鹉鱼。

血鹦鹉鱼的几个近似种则始现于21世纪，也是由我国台湾的观赏鱼养殖场最先培育出，其中金刚鹦鹉鱼出现较早，而元宝鹦鹉鱼和财神鹦鹉鱼则是近10年才诞生的新品种。

【扩散途径】家庭养殖弃养；养殖场淘汰或逃逸。

【分布情况】鹦鹉鱼鳃部有先天缺陷，需要高氧，且对水温要求高，野外暂无发现。

【养殖概况】品种推出早期繁育全在我国台湾地区，广东最早引进，20世纪90年代其鱼苗和商品鱼销售辐射全国。后在海南、广州、天津、鞍山、河南等多地推广繁殖养殖，是观赏鱼中主要的自繁自养、市场需求量大的品种。

【栖息环境】喜好弱酸性至中性的清澈缓流水体，对溶解氧、水质和水温等都要求高。

【生物学特征】生存温度为15～33℃，最适温度为25～30℃，pH 6.0～8.0，体长13～25cm，寿命3～8年。

天生胆小，爱扎堆，常搬弄底沙，刨坑把自己藏起来。环境改变时，体色暗淡，缩藏到缸角，待其适应环境后，即可恢复。优良的水质，充足的阳光，能使体色更鲜艳。

喂小虾能保持其鲜红的体色。定期投喂鲜活的小虾小鱼，投喂添加了虾青素和β胡萝卜素的饲料可使鹦鹉鱼的体色更为鲜艳好看。鹦鹉鱼杂交子代无繁殖能力。

【可能存在的风险】杂交种，风险不详。

【防控建议】一是禁止释放于自然水域。二是做好养殖防逃措施。

（宋红梅　中国水产科学研究院珠江水产研究所）

5. 泰国鲫 ｜ *Barbonymus schwanenfeldii*

【英文名】tinfoil barb。

【俗　名】双线鲫、红鳍鲫。

【分类检索信息】鲤形目 Cypriniformes，鲤科 Cyprinidae，高体鲃属 *Barbonymus*。

【主要形态特征】体宽而侧扁。眼大，口前位，须一对。背鳍有一带倒刺硬棘，位于背部最高点，尾鳍深叉状。体侧密布大而泛银光的鳞片，各鳍皆泛红（图2-168）。

【引种来源】原产于泰国、马来西亚、印尼苏门答腊、加里曼丹岛等地。

【扩散途径】家庭养殖弃养；养殖场养殖逃逸。

【养殖概况】早期主要是从东南亚国家引进种苗。现在已可在本地人工催产繁殖。该品种也是观赏鱼市场主流的大中型鱼。

【栖息环境】喜欢清澈、有一定流速的水体，水温需求稍高。

【生物学特征】对水质要求不高，pH 6.0～7.5，水温20～30℃，杂食性，喜食人工饲料。抢食迅猛，生长快速。性温和，喜群居。胆小易惊，跳跃能力非凡。雨季水位暴涨时会刺激亲鱼发情交配。产浮性卵，产卵量大。

图2-168　泰国鲫

【可能存在的风险】暂无在野外水域发现可繁育现象。

【防控建议】一是加强养殖管理，防止逃逸扩散。二是加强外来物种知识宣传，禁止释放于自然水域。

（刘超　中国水产科学研究院珠江水产研究所）

6. 斑马鱼 ｜ *Danio rerio*

【英文名】zebrafish。

【俗　名】蓝条鱼、花条鱼、印度鱼。

【分类检索信息】鲤形目 Cypriniformes，鲤科 Cyprinidae，鲫属 *Danio*。

【主要形态特征】体呈纺锤形，较纤长，体长可达4～5cm。背部橄榄色，体深藏青色，由鳃盖后至尾鳍末端有数条金色的细横带。臀鳍亦有同样的花纹（图2-169）。

【引种来源】原产于印度、孟加拉国等地，是历史悠久的观赏鱼品种之一。

【扩散途径】家庭养殖弃养；养殖逃逸。

图2-169　斑马鱼

【养殖概况】该品种是早期引进我国的小型观赏鱼品种。除了观赏市场需求，在生命科学研究、胚胎和组织器官发育的分子机理，乃至转基因技术研究等领域斑马鱼都是很好的实验对象；斑马鱼基因与人类基因的相似度达到87%，因此在构建人类的各种疾病和肿瘤模型、建立药物筛选和治疗的研究方面是很好的实验动物。斑马鱼人工繁育技术已在我国观赏鱼养殖业界内相当成熟。

【栖息环境】喜欢清澈、稍低温、有一定流速、有水生植物的水体。

【生物学特征】游动速度快如闪电，相当敏捷，对水质无特殊要求，pH 6.5～7.5，水温22～28℃。杂食性，不挑食，喜食人工饲料。性格温驯，适合混养或群养。体质健壮，容易饲养。成熟的个体会在水草丛或沙砾下产沉性卵，卵径较大，无黏性，一次产卵量不多。

【可能存在的风险】有与本地鲃属鱼类杂交污染基因的可能，但可能性小。

【防控建议】一是加强养殖管理，防止逃逸扩散。二是加强外来生物知识宣传，禁止释放于自然水域。

（刘超　中国水产科学研究院珠江水产研究所）

7. 四带无须鲃 | *Puntius tetrazona*

【英文名】tiger barb。

【俗　名】虎皮四间、四间鲫、虎皮鱼。

【分类检索信息】鲤形目 Cypriniformes，鲤科 Cyprinidae，无须鲃属 *Puntius*。

【主要形态特征】体侧扁，似菱形，体色浅黄，布满黑色斑纹和小点，从头至尾有4条垂直的黑色条纹，斑斓似虎皮，顾得名。背鳍、腹鳍、臀鳍等有红色斑纹，是最受欢迎的大众品种之一。体长可达5cm（图2-170）。

图2-170　四带无须鲃

【引种来源】原产地是马来西亚，印度尼西亚苏门答腊岛以及加里曼丹岛等内陆水域。

【扩散途径】家庭养殖弃养；养殖场逃逸。

【养殖概况】该品种是较早进入我国、极受欢迎的小型鲤科观赏鱼品种。目前在我国由南至北都有繁殖场繁育该品种，并改良培育出多个表现形态，如金四间、绿四间等。市场需求量大。

【栖息环境】喜欢清澈、含氧量高、有一定流速及有水生植物的水体。对水温要求高。

【生物学特征】pH 6.5～7.2，水温24～28℃，对溶解氧要求较高，喜欢溶解氧高的老水。杂食性，对人工饲料、血虫、浮游动植物都有很高的接受度。生性活泼好动，好集群，游泳敏捷，喜欢袭击追咬其他鱼的尾巴。繁殖季节喜在水草或植物根须、隐蔽的木头或石块表面产卵，卵黏性，卵径较大，一次产卵量不高。

【可能存在的风险】可能会跟本土的生态位相近的种类形成竞争。

【防控建议】加强养殖管理，防止逃逸扩散。加强外来生物知识宣传，禁止释放于自然水域。

（刘超 中国水产科学研究院珠江水产研究所）

8. 孔雀花鳉 │ *Poecilia reticulata*

【英文名】guppy。

【俗　名】孔雀鱼、百万鱼。

【分类检索信息】鳉形目 Cyprinodontiformes，花鳉科 Cyprinodontidae，花鳉属 *Poecilia*。

【主要形态特征】体延长，头部中大，吻部短小。眼大，侧位；眼间区及吻背颇为平直，口小。雌雄鱼的体形和色彩差别较大。雄鱼身体瘦小，体长3～4cm；雌鱼体形粗圆而大，体长6～7cm。雄性背鳍鳍条常会延长，雌鱼则小而圆，雄鱼的臀鳍第3、第4、第5鳍条特化而成一延长的交接器，交接器仅略长于腹鳍长，雌鱼则为扇形。雌性成鱼的体色较单调而半透明，如同大肚鱼一般；雄性则变化出各种各样的鳍形及艳丽的色彩。经过多年的人工定向培育和改良，形成了多个品系，每个品种其色彩和体形都有独特之处。目前按照体形、色彩、花纹和尾形等大致分以下些品种：马赛克孔雀鱼、礼服孔雀鱼、草尾孔雀鱼、蛇王孔雀鱼、豹纹孔雀鱼、金属孔雀鱼、剑尾孔雀鱼、白金孔雀鱼、单色孔雀鱼、古老系孔雀鱼等（图2-171）。

【引种来源】原产于南美洲委内瑞拉、圭亚那、西印度群岛、巴西北部等地的湖泊、河流等水系。

【扩散途径】家庭养殖弃养；养殖场逃逸。

【分布情况】暂未发现野外自然繁育现象。

【养殖概况】是最传统的、市场流通量最大的，由中低端至高端全覆盖的小型观赏鱼品种。引进我国后由南方养殖场繁殖供应，目前全国各地都有自繁自销，并不断培育出多种新形态。近年来孔雀花鳉比赛也在全国各地都有进行。

【栖息环境】喜欢干净清澈、含氧量高、水流平缓的水体。不耐低温。

【生物学特征】该品系容易饲养和繁殖，并且是体内受精，卵胎生鱼类，所以在人工改良中很容易做到杂交，因此能不断地出现新的色彩和体形。雄性和雌性表现相差较远，雄性体形修长，色彩夸张艳丽；雌性身体粗圆，腹部膨大，各鳍较小，颜色朴素。其对环境和水体的适应能力超强，偏好弱碱性水，pH 6.8~8.0，水温22~28℃。杂食偏动物食性，特别喜好丝蚯蚓、浮游动物等活饵。性温和，活泼好动。

图2-171　孔雀花鳉

【可能存在的风险】可能会跟本土的生态位相近的种类形成竞争。

【防控建议】一是加强养殖管理，防止逃逸扩散。二是加强外来生物知识宣传，禁止释放于自然水域。

（刘超　中国水产科学研究院珠江水产研究所）

9. 金丝足鲈 | *Osphronemus goramy*

【英文名】giant gourami。

【俗　名】金招财、红粉佳人、黄金战船。

【分类检索信息】鲈形目 Perciformes，丝足鲈科 Osphronemidae，丝足鲈属 *Osphronemus*。

【主要形态特征】大型的攀鲈科鱼类，最大体长可达90cm。体呈椭圆形，头小吻尖，腹鳍特化成两条长丝状，是重要的触觉器官。臀鳍宽而延长。全身金黄色，满布厚鳞片（图2-172）。

图2-172　金丝足鲈

【引种来源】为古代战船（长丝鲈，*Osphronemus goramy*）的色彩变异固定品种。原产于越南、泰国、马来西亚等地。

【扩散途径】家庭养殖弃养；养殖场逃逸。

【分布情况】暂未发现。

【养殖概况】种苗目前主要由东南亚国家进口，在我国南方中转发散至全国观赏鱼养殖场，是传统的种苗培育供应市场的主要大型观赏鱼。

【栖息环境】喜欢干净、弱碱性、颜色稍深、喜平静的水域。不耐低温。

【生物学特征】体格强健，生长快，含肉率高。性情温和，喜弱酸性软水，pH 6.0~7.5，水温20~28℃。杂食偏植物食性。对人工饵料接受度很高。耐低氧，有辅助呼吸器官，能呼吸空气。本种为人工选育改良品种，泡巢产卵，卵径比较小，一次产卵量几百甚至上千粒。暂无发现野外自然繁殖现象。

【可能存在的风险】属中大型鱼类，可能会对本土植物、藻类、小鱼虾等构成一定威胁。

【防控建议】一是加强养殖管理，防止逃逸扩散。二是加强外来生物知识宣传，禁止释放于自然水域。

（刘超　中国水产科学研究院珠江水产研究所）

10. 红尾鲶 ｜ *Phractocephalus hemioliopterus*

【英文名】redtail catfish。

【俗　名】狗仔鲸、红尾猫。

【分类检索信息】鲶形目 Siluriformes，油鲶科 Pimelodidae，护头鲿属*Phractocephalus*。

【主要形态特征】体延长，背宽而扁平。头大吻宽，上下颚有小密齿。吻端须3对，其中一对长而粗。双背鳍，尾柄粗，尾扇大、叉状。背部及身体大部灰黑色，头部和背部有黑褐色斑点，尾鳍、第一背鳍橘红色，其余各鳍灰黑色。身体中间有一道黄白色宽带贯穿吻部至尾部。腹部乳白色。红尾鲶是大型鱼类，体长可达1m（图2-173）。

图2-173　红尾鲶

【引种来源】广泛分布于亚马孙河流域。

【扩散途径】家庭养殖弃养；养殖场逃逸；错误放生。

【分布情况】暂未发现。

【养殖概况】种苗目前来源有三：东南亚国家繁殖进口，产地捕捞野生苗进口和国内繁殖供应。在我国大部分有观赏鱼行业的大中城市都有养殖供应市场，是传统的极受欢迎的大型热带观赏鱼之一。

【栖息环境】喜欢干净、中性至弱酸性、颜色稍深的水质，喜高氧水流。

【生物学特征】是相当凶猛的肉食性鱼类，其捕食迅猛，贪食，食量巨大。夜行性，天黑后活跃。对水质要求不高，pH 6.2～7.5，水温24～32℃。生长迅速。雨季来临水位暴涨时能刺激其发情交配产卵，一次产卵量大。人工繁殖有难度。

【可能存在的风险】其巨大的体型和贪婪的食性有可能会对土著品种产生威胁。

【防控建议】一是加强养殖管理，防止逃逸扩散。二是加强外来生物知识宣传，禁止释放于自然水域。

（刘超 中国水产科学研究院珠江水产研究所）

11. 雀鳝 | Lepisosteidae

【英文名】gar（or garpike）。

【俗 名】鳄雀鳝俗名大雀鳝、幽灵火箭，眼斑雀鳝俗名虎鳄等。

【分类检索信息】雀鳝目 Lepisosteiformes，雀鳝科 Lepisosteidae。

【主要形态特征】雀鳝是雀鳝目、雀鳝科的雀鳝属（4种）和骨雀鳝属（4种）现存8种鱼类的统称。目前发现已经入侵中国的雀鳝有雀鳝属的眼斑雀鳝和骨雀鳝属的鳄雀鳝（图2-174、图2-175）。雀鳝身体呈圆筒形，头部小，嘴部前突，上下颚延长有骨板，密布尖齿。

【与相近种的比较鉴别】见表2-42和图2-176。

表2-42　眼斑雀鳝与鳄雀鳝比较

种类	成鱼体长（m）	体色斑纹	吻部
眼斑雀鳝	0.61～0.91	聚集有较大的黑色圆形斑点	细长且有黑色斑点
鳄雀鳝	2.5～3.0	散布有黑色不规则细小斑点	宽厚，且有两排锋利的牙齿，形似鳄鱼

【引种来源】原产于北美洲及中美洲。

【扩散途径】家庭观赏养殖弃养；养殖逃逸。

图2-174　眼斑雀鳝

图2-175　鳄雀鳝

图2-176　眼斑雀鳝（*Lepisosteus oculatus*，左）和鳄雀鳝（*Atractosteus spatula*，右）

【分布情况】目前在我国南方多地水库、河流等已发现雀鳝的踪迹，其无天敌，体型巨大，强悍的适应力和凶猛的性情已对土著鱼类构成极大威胁，严重危害当地生态系统。

【养殖概况】早期作为大型的观赏品种引进我国，是市场传统的品种之一。现全国各地的观赏鱼市场和养殖场皆有繁殖和养殖。

【栖息环境】对水质要求非常低，甚至在低温、少水、缺氧的恶劣水体环境都能存活。

【生物学特征】pH 6.5~8.0，水温10~32℃。平时爱悬浮在水体中上层，不好动，但捕食时动作快如闪电，相当凶悍。卵有毒，不能食用。暂无发现在自然水域自然繁殖的现象。

【可能存在的风险】原产于美洲地区，包括眼斑雀鳝、鳄雀鳝、长吻雀鳝等多个种类，目前我国引入比较常见的是眼斑雀鳝和鳄雀鳝。雀鳝是世界十大凶猛淡水鱼之一，并且带剧毒，肉食性，属于我国禁止引入的外来物种。由于其生性凶猛，生存能力强，若以外来入侵物种的形式生存在新的环境下，由于缺少天敌，会大量繁殖，严重干扰入侵地的生态系统，造成不可预测的危害。目前已在长江流域以及南方部分地区池塘、河流发现该物种，广东佛山千灯湖曾多次捕到鳄雀鳝。该物种在自然水域频有发现多是由随意放生引起。为何能看到的随意放生的鱼以雀鳝为主？主要原因有以下几点。一是缺乏经济价值。像金龙、银龙这样名贵的鱼，本身有市场，养大了可以卖到不菲的价钱；而像海象、银板偶尔也能卖个好价格，就算找不到买家，自己食用也是非常美味的。唯独雀鳝，其不是变异品种，本身就不算值钱，长到半米左右的价格才250~300元，而且其越长大越不值钱，也很难找到买家。二是不宜食用。由于其在排卵期能产生剧毒物质，因此没有人敢拿来食用，放生就是唯一的途径。该物种为何能够在自然水域适应生存？主要原因有以下几点。一是环境适宜。雀鳝的产地在美国的佛罗里达州密西西比河流域和墨西哥的沼泽湖泊，这一地区所处的纬度与国内的广东、广西相似，雀鳝非常适应我国南方的水域和气候，和当地的鱼类就有可能从共存发展到迫使其消亡。二是没有天敌。雀鳝体表覆盖着菱形盾鳞，本土很少有鱼能对其造成伤害。雀鳝也不会像"食人鱼"那样可能会在珠三角的野外环境中冻死，反倒由于食性相似，成了本地斑鱼和生鱼的竞争对手，这将造成"生态位侵占"的现象。

【防控建议】一是禁止放流、放生、养殖丢弃等行为。二是严禁擅自从国外引入。三是严禁在国内进行交易买卖。四是在野外一旦发现或捕捞，应立即进行无害化处理。五是养殖需办理特许养殖许可证，仅限于在设置有严格的防逃逸措施的封闭水域养殖，并由渔业主管部门定期检查，加强监管。

（刘超 中国水产科学研究院珠江水产研究所）

12. 巨骨舌鱼 | *Arapaima gigas*

【英文名】arapaima，pirarucu。

【俗　名】巨骨舌鱼。

【分类检索信息】骨舌鱼目 Osteoglossiformes，骨舌鱼科 Osteoglossidae，巨骨舌鱼属 *Arapaima*。

【主要形态特征】是世界上最大的淡水鱼，生长迅速、体型巨大、味道鲜美、无肌间刺。头部长且尖，口大，无须，具坚固发达的牙齿。鳞片大且硬，呈镶嵌状。鱼体呈灰绿色，背部呈青色；腹部颜色较淡，尾鳍及体后部呈红色。巨骨舌鱼靠气鳔上密布的微血管进行呼吸空气，可在低溶解氧环境下生存，环境耐受能力极强（图2-177）。

图2-177　巨骨舌鱼

【引种来源】引种自南美洲，东亚国家曾有过引进的报道。目前被列入国际濒危物种贸易公约附录Ⅱ，引种受限。

【扩散途径】养殖逃逸。

【分布情况】分布于南美洲亚马孙河流域，如巴西、秘鲁和圭亚那等地。

【养殖概况】主要养殖方式有土池养殖和水泥池养殖两种。主要养殖区集中在巴西和秘鲁，玻利维亚、古巴、墨西哥、菲律宾、新加坡、泰国、哥伦比亚和厄瓜多尔也有一定量的养殖。

【栖息环境】栖息环境随季节变化而变化。旱季喜欢在湖泊、河道；雨季喜欢在淹没的森林生活。

【生物学特征】生长速度惊人，鱼苗经过一年的养殖即可达10kg。成体体型巨大，体长可达2～6m。性成熟需要4～5年，初次性成熟亲鱼体重可达到40～60kg。产卵具连续性，一年可繁殖5～7次，80kg重的雌鱼每次可产卵10 000～20 000粒。在亚马孙河流域，繁殖季节在每年的12月到翌年3月，处在繁殖季节的成鱼会挖穴产卵，具有领域性和护幼行为，雄鱼护幼长达2~3个月，至幼鱼能独立生活。巨骨舌鱼在淡水中生活，以鱼、虾、蛙类为食。

【可能存在的风险】肉食性鱼类，可能对本地其他鱼类造成威胁。

【防控建议】一是加强引种限制，制定完善的引种制度。二是在没有相关管理部门的审批同意下，不要擅自养殖。

（牟希东 中国水产科学研究院珠江水产研究所）

第三节　常见外来水生植物

1. 空心莲子草 │ *Alternanthera philoxeroides*

【英文名】herba alternantherae。

【俗　名】空心苋、水蕹菜、革命草、水花生、水豇豆。

【分类检索信息】石竹目 Caryophyllales，苋科 Amaranthaceae，莲子草属 *Alternanthera*。

【主要形态特征】多年生草本；茎基部匍匐，上部上升，管状，不明显4棱，具分支，幼茎及叶腋有白色或锈色柔毛，茎老时无毛，仅在两侧纵沟内保留。叶片矩圆形、矩圆状倒卵形或倒卵状披针形，基部连合成杯状；退化雄蕊矩圆状条形，和雄蕊约等长，顶端裂成窄条；子房倒卵形，具短柄，背面侧扁，顶端圆形。果实未见。花期5—10月（图2-178）。

【与相近种的比较鉴别】本属在我国有4个种。除了空心莲子草外，其他种类分别为刺花莲子草（*Alternanthera pungens*）、莲子草（*Alternanthera sessilis*）、锦绣苋（*Alternanthera bettzickiana*）。这些种类形态特征的主要区别在于花及花序，具体见表2-43和图2-179。

表2-43　空心莲子草及其相似物种的特征对比

种类	茎	叶	花
空心莲子草	茎基部匍匐，上部上升	叶片绿色，矩圆形、矩圆状倒卵形或倒卵状披针形	头状花序有总花梗，单生在叶腋，球形
刺花莲子草	茎披散，匍匐，有多数分支	叶片绿色，卵形、倒卵形或椭圆倒卵形	头状花序无总花梗，腋生，白色，球形或长球形。苞片顶端呈刺状
莲子草	茎斜上或匍匐，多分支	叶片绿色，条状披针形、矩圆形、倒卵形或卵状矩圆形	头状花序无总梗，苞片及花被片顶端不呈刺状
锦绣苋	茎直立或基部匍匐，多分支	叶片绿色或红色，或部分绿色，夹杂以红色或黄色斑纹	头状花序无总花梗，顶生及腋生，苞片及小苞片卵状披针形

图2-178　空心莲子草

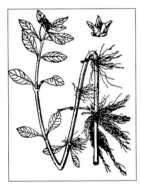

空心莲子草形态特征　　刺花莲子草形态特征　　莲子草形态特征　　锦绣苋形态特征

图2-179　空心莲子草和近似种形态比较

【引种来源】原产于巴西。20世纪30年代末随侵华日军引种至中国，起先在上海郊区栽培用作养马饲料，20世纪50年代，中国南方一些省市将其作为猪、羊饲料推广，随后又被进一步引入中国长江流域及南方各省。

【扩散途径】在我国的出现最初是人工栽培。由于这一物种具有极其广泛的适生性，在水田、湿地和旱地中均可生长，生长繁殖迅速，蔓延速度快，在与本土杂草的生存竞争中占有绝对优势。该植物入侵某一植被后所呈现出的斑块状镶嵌体往往是由于一个基株通过不断克隆生长而形成，在一些农田、田埂、闲地（或撂荒地）等生境中形成优势群落。2003年被列入国家环保总局与中国科学院发布的中国第一批外来入侵生物名单。

【分布情况】原产于巴西，20世纪30年代被引入中国。目前，我国除甘肃东南部、宁夏、陕西、山西、内蒙古南部以及辽宁南部尚未遭到入侵外，其他地区均有分布。

【栽培概况】该草已在我国大多数地区扩散并形成种群，除甘肃东南部、宁夏、陕西、山西、内蒙古南部以及辽宁南部尚未遭到入侵外，其他地区均被入侵，成为恶性杂草。

【栖息环境】空心莲子草分布的生境类型表现出多样化的特征。空心莲子草在池塘、湿地、水田、沟渠、湖岸浅水区等水生生境能形成密度很大的优势种群，表现出沉水型和挺水型两种生态型，通常从岸边或池塘四周向河流或池塘中心生长。

空心莲子草在陆地上的分布类型广泛，在田边开阔地、草地、菜地、果园、道路两侧均可出现。一些土著植物都难以生长的旱生环境中，空心莲子草仍可以成功地入侵、定居，并形成盖度、密度都比较大的单优势群落。

【生物学特征】对低温胁迫不敏感。根和地下匍匐茎在−5～3℃时冷冻3～4d不死；冬季水温降至0℃时，水面植株已冻死，但水下部分仍有生活力；春季温度达10℃时，地下茎根即可萌发生长。

耐寒能力强。生长在贫瘠土壤中经30d的35℃以上的高温和干旱，能照常生长。被铲除的根茎暴晒1～2d仍能存活。具有较强的抗酸碱能力，其适应pH范围为5～10，最适pH范围为6～8。对光的适应范围比较广，无论在强日照下，还是在荫蔽的地方都能生长。具有耐受高盐度的能力，在相对高盐浓度下细胞恢复能力比较强。具有发达的营养器官，春季温度适宜时，其旱地肉质贮藏根上可生长10余个不定芽。该草在重庆5—10月株日平均增重1.56g。

花期长，长江中下游地区4月初花，花期可持续至翌年1月。空心莲子草结果率低，在自然条件下没有观察到实生苗，主要靠营养繁殖。通过营养繁殖形成大量无性系株丛，扩大种群生态空间。

【可能存在的风险】一是在河渠中大量繁殖，可能堵塞航道，影响水上交通。二是排挤生境中的其他植物尤其是本土植物，使群落物种单一化。三是在渔业水体中大量繁殖，可能覆盖水面，影响鱼类生长和捕捞。四是在农田中大量繁殖，危害作物，使产量受损。五是在田间沟渠大量繁殖，影响农田排灌。六是入侵湿地、草坪，破坏景观。七是滋生蚊蝇，危害人类健康。

【防控建议】一是采取植物检疫。建议在中国建立健全该植物的检疫体系。二是机械人工防除防。结合农业措施，在耕翻换茬时花大力气挖除在土中的根茎，然后晒干或烧毁；在种群密度较小或新发现的入侵地手工拔除，进行根除。三是化学防除。采用氯氟吡氧乙酸、草甘膦或加二甲四氯等除草剂杀灭。四是生物防治。加强昆虫防治、真菌防治、物种竞争和植物化感等手段的研究。五是综合利用。开展其在药用、杀虫、栽培食用菌等方面的应用研究。

（姚维志　西南大学）

2. 凤眼莲 | *Eichhornia crassipes*

【英文名】water hyacinth。

【俗　名】水葫芦、水浮莲、水葫芦苗、布袋莲、浮水莲花。

【分类检索信息】粉状胚乳目 Farinosae，雨久花科 Pontederiaceae，莲子草属 *Eichhornia*。

【主要形态特征】浮水草本，高30～60cm。须根发达，棕黑色，长达30cm。茎极短，具长匍匐枝，匍匐枝淡绿色或带紫色，与母株分离后长成新植物。叶在基部丛生，莲座状排列，一般5～10片；叶片圆形，宽卵形或宽菱形，长4.5～14.5cm，宽5～14cm，顶端钝圆或微尖，基部宽楔形或在幼时为浅心形，全缘，具弧形脉，表面深绿色，光亮，质地厚实，两边微向上卷，顶部略向下翻卷；叶柄长短不等，中部膨大成囊状或纺锤形；叶柄基部有鞘状苞片，长8～11cm，黄绿色，薄而半透明。

花葶从叶柄基部的鞘状苞片腋内伸出，长34～46cm，多棱；穗状花序长17～20cm，通常具9～12朵花；花被裂片6枚，花瓣状，卵形、长圆形或倒卵形，紫蓝色，花冠略两侧对称，直径4～6cm（图2-180、图2-181）。

本属共有6种。中国仅有凤眼莲1种。

【引种来源】原产于巴西亚马孙河流域，在当地受生物天敌的控制，仅以一种观赏性种群零散分布于水体，1844年在美国新奥尔良召开的博览会上曾被喻为"美化世界的淡紫色花冠"。自此以后，凤眼莲被作为观赏植物引种栽培到世界各地，已在亚洲、非洲、欧洲、北美洲等的数十个国家造成危害。19世纪引入东南亚，1901年作为花卉引入中国台湾，30年代作为畜禽饲料引入中国大陆各省，并作为观赏和净化水质的植物推广种植，后逃逸为野生。

图2-180 凤眼莲

图2-181 凤眼莲形态特征

【扩散途径】凤眼莲的扩散起初是源于人为引种。1844年，凤眼莲作为观赏植物被展览。一个参观者把几株凤眼莲带到自己的农场，种植在圣约翰斯河（St. Johns River）岸边有泉水的草地上。由于凤眼莲生长迅速，它很快就扩散到圣约翰斯河。很多农场主认为凤眼莲是牲畜很好的饲料，开始广泛引种凤眼莲。由于相似的原因，凤眼莲被引种到其他国家。凤眼莲可以漂浮，能够随水流漂到很远的地方，同时又可以通过匍匐茎或种子进行繁殖，并具有广泛的环境适应性，因此成为世界上危害最为严重的十大恶性杂草之一。2003年被列入国家环境保护总局与中国科学院发布的中国第一批外来入侵生物名单。

【分布情况】由于其无性繁殖速度极快，已广泛分布于华北、华东、华中、华南和西南的19个省市，尤以云南、江苏、浙江、福建、四川、湖南、湖北、河南等省的入侵严重，并已扩散到温带地区，如锦州、营口一带均有分布。

【栽培概况】该草曾经在中国南方各省作为动物饲料被推广种植。到20世纪80年代，凤眼莲在南方一些省份开始出现危害。20世纪90年代由于水体富营养化加剧，凤眼莲在我国大多数地区扩散并形成种群，并对当地水体生态系统造成明显的危害。同时人们对凤眼莲的利用逐渐减少。目前一般仅在一些小水塘作为景观植物或净水植物栽培。

【栖息环境】由于水生环境在光照、温度、无机碳、盐分等方面较为均一，使得凤眼莲在某一水体定居后容易扩散到水体中的不同区域。同时，由于凤眼莲的养分耐受范围广，在气候适宜的地带内，一般水体中凤眼莲都可以生长繁殖。总体看，凤眼莲更喜欢生于浅水中，在流速不大的水体中也能够生长，随水漂流。生于海拔200～1 500m的水塘、沟渠、水库、河道、稻田中，一般在水深0.3～1.0m、水质肥沃、静水或活水缓流的水面生长较好。

【生物学特征】性喜温暖，最佳生长温度27～30℃，在气温13℃开始繁殖。凤眼莲的生长很大程度上受到温度的影响，有一定的抗寒力，能在5℃的温度下自然越冬；当水温低于5℃或高于35℃时即开始死亡。

兼有无性繁殖和有性繁殖功能，以无性繁殖为主。依靠匍匐枝与母株分离方式，植株数量可在5d内增加1倍。根接触到河底淤泥时，可以进行有性繁殖。它的花期长，在整个生长季节都可以开花。1株花序可产生300粒种子，种子沉积水下可存活5～20年。种子成熟后，水下萌发，形成新的植株。

适宜生长的光照要求为240 000lx，最低光照要求为24 000lx。适宜生长的pH范围为6～9，其最佳生长pH为6.9～7。其生长也能引起水中pH的变化，生长越旺盛，pH下降得越多。对水体中有害金属离子的耐受能力较强，并可以吸收和富集多种金属。

【可能存在的风险】一是在受到污染的水体中，凤眼莲迅速繁殖，形成单一、致密的草垫，使得水体的透射光明显下降，从而使水体中的浮游植物、沉水植物生长受到限制，影响水生植物的多样性。二是凤眼莲的生长繁殖，使得水体中腐殖质增加，pH下降，水体颜色也会发生改变。水体理化因子的改变，特别是水体中含氧量的下降，水下植物以及动物繁殖场所的减少，会导致水体生物多样性的下降。三是由于凤眼莲生物量的增加，致密的草垫使得水流速度下降，河底没有降解的植物碎屑增加，逐渐在水体中淤积，导致河床抬升。四是凤眼莲大量繁殖，破坏影响河流景观，堵塞河道，妨碍航运和水力发电。五是凤眼莲的入侵将改变当地河流生态系统的固有食物链结构，影响鱼类的正常生长和繁殖，妨碍渔民的捕捞作业。六是凤眼莲常常是带菌动物的繁殖场所，而这些动物可以为人、畜带来疾病。

【防控建议】一是加强物理控制，主要措施包括人工或机械打捞，以及在河流内设置栅栏防止凤眼莲漂移。二是加强凤眼莲转化利用技术研发。凤眼莲可以考虑用作肥料以及用于造纸、生产沼气等。三是加强特异性化学除草剂研发。例如，研究发现用草甘膦喷洒凤眼莲综合效果较其他几种除草剂好，并且不会对其天敌水葫芦象甲造成危害。四是生物防治。开展水葫芦象甲、北美一种土著夜蛾（*Bellura densa*）、水生植物病菌、其他水生植物化感作用防控凤眼莲的研究。五是综合防控。凤眼莲的暴发与工、农业的污染排放以及生活污水的排放有关。因此，控制河流的点源、面源污染是控制凤眼莲暴发的根本。

（姚维志　西南大学）

3. 互花米草 ｜ *Spartina alterniflora*

【英文名】smooth cordgrass。

【俗　名】网茅。

【分类检索信息】沙草目 Cyperales，禾本科 Poaceae，米草属 *Spartina*。

【主要形态特征】地下部分通常由短而细的须根和长而粗的地下茎（根状茎）组成。根系发达，常密布于地下30cm深的土层内，有时可深达50～100cm。植株茎秆坚韧、直立，高可达1～3m，直径在1cm以上。茎节具叶鞘，叶腋有腋芽。叶互生，呈长披针形，长可达90cm，宽1.5～2cm，具盐腺，根吸收的盐分大都由盐腺排出体外，因而叶表面往往有白色粉状的盐霜出现。圆锥花序长20～45cm，具10～20个穗形总状花序，有16～24个小穗，小穗侧扁，长约1cm；两性花；子房平滑，两柱头很长，呈白色羽毛状；雄蕊3个，花药成熟时纵向开裂，花粉黄色。种子通常8—12月成熟，颖果长0.8～1.5cm，胚呈浅绿色或蜡黄色（图2-182）。

图2-182　互花米草

【与相近种的比较鉴别】本属有20余种，我国引种并研究较充分的有2个种，即大米草（*Spartina anglica* Hubb.）和互花米草。其比较特征如下（表2-44，图2-183）：

表2-44　互花米草和大米草的形态特征比较

种类	茎	叶	花
大米草	秆高0.3~1.5m，直径3~5mm	叶片线形，长约20cm，宽8~10mm	穗状花序，长7~11cm；小穗单生，长卵状、披针形
互花米草	秆高1~1.7m，直立，不分支	叶长达60cm，基部宽0.5~1.5cm	圆锥花序，由3~13个长5~15cm、略直立的穗状花序组成

【引种来源】原产于美洲大西洋沿岸和墨西哥湾，适宜生活于潮间带。由于互花米草秸秆密集粗壮、地下根茎发达，能够促进泥沙的快速沉降和淤积，因此，20世纪初许多国家为了保滩护堤、促淤造陆，先后加以引进。我国1979年将互花米草从北美洲引入，经人工栽种和自然扩散，目前已广泛分布于我国海岸潮间带。

【扩散途径】1816年，互花米草由船舶压舱水从北美洲东海岸传播至欧洲。19世纪90年代互花米草作为牡蛎的包装材料由船舶意外带入美国西北部的华盛顿州与加拿大西南部英属哥伦比亚交界处的维拉帕湾。但互花米草的入侵更多是由人工引种造成的。互花米草主要以种子繁殖，即用种子育苗后移植海滩；互花米草还可以分株的方式进行繁殖，因其地下茎横走迅速，生长好的个体每年可增近千株，因此一般种植一年后便可产生大量的分株苗，但其地下茎在海滩上生长普遍较深，多数生长在地下20～50cm，给分株造成一定困难。我国互花米草扩张的中早期人为影响超过了自然过程。2003年互花米草作为唯一的海岸盐沼植物被列入国家环保总局与中国科学院发布的中国第一批外来入侵生物名单。

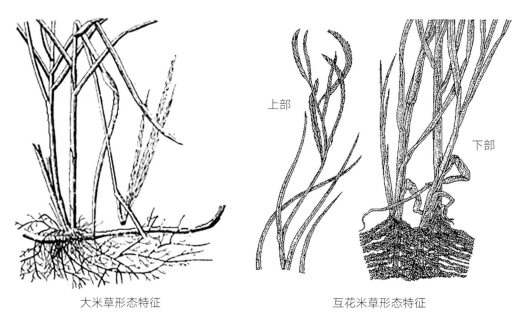

大米草形态特征　　　　　　　　　　　　　互花米草形态特征

图2-183　互花米草和大米草比较

【分布情况】在我国北自辽宁省盘山县，南至广东省电白县，天津、山东、江苏、上海、浙江、福建、广东和广西均有分布。

【养殖概况】南京大学在1979年引进后，于1980年试种成功，随后推广到广东、福建、浙江、江苏、上海、山东等地的十多处沿海滩涂的潮间带。其间，另有研究人员引进互花米草到广东省台山县试种成功。

【栖息环境】通常生长在河口、海湾等沿海滩涂的潮间带及受潮汐影响的河滩上，并形成密集的单物种群落。其分布通常受与高程相关的一系列环境因子的影响，因此互花米草的分布往往有一定的高程范围。在其原产地，互花米草在滩涂上的分布范围是从平均海平面以下0.7m至平均高潮位；在美国西北部华盛顿州的Willapa海湾，互花米草的分布范围是平均低潮位以上1.75～2.75m，而人工移栽可使互花米草在平均低于低潮位以上1m处存活。其分布的纬度跨度相当大，目前记录到的最高分布纬度为英国北部的Udale海湾

(57.61°N)，最低纬度为赤道附近的巴西亚马孙河河口。

【生物学特征】典型的盐生植物，对海水盐度的适应性良好，平均海平面至平均高潮线之间的滩涂上均能生长，分布范围很广。叶片密布盐腺和气孔，一般的水淹条件下均能正常生长。

在苏北海滨湿地的近海潮滩带与近岸潮滩带两端，受潮汐、土壤水分和风浪影响，互花米草更趋向于无性繁殖方式，而在中部潮滩带则是以有性繁殖和无性繁殖相结合的方式来进行种群延续和扩张。无性繁殖的繁殖体包括根状茎与断落的植株，扩散速度极快。

在适宜的条件下，互花米草3~4个月即可达到性成熟，其花期一般是7—10月。互花米草的花为两性花，风媒，雌性先熟；每个花序上的种子数量变异较大，为133~636粒。

【可能存在的风险】一是破坏近海生物栖息环境，影响滩涂养殖。二是堵塞航道，影响船只出港。三是影响海水交换能力，导致水质下降，并诱发赤潮。四是互花米草竞争能力显著大于土著盐沼植物，能迅速在土著植物群落中定居和扩散，形成大片单一物种组成的互花米草群落，威胁本土海岸生态系统。五是互花米草入侵后造成潮间带环境发生变化，底泥中的无脊椎动物种类和数量随之受到影响，随着时间的推移及互花米草的生长，互花米草群落中的底栖动物的物种数及多样性都会下降。六是互花米草的入侵使水鸟等涉禽觅食的生境丧失，导致涉禽种群数量减少。

【防控建议】一是加强对入侵规律和发展动态的研究。目前关于预测互花米草对全球变化响应的研究也相对缺乏，加强该方面的研究将有助于认识其入侵规律与全球变化的相互作用，采取相应的措施来应对其发展变化趋势。二是加强互花米草正面效应的研究，做到防除之余充分发挥其积极作用。在其原产地，互花米草均被誉为"生态系统工程师"，但其在入侵地的类似效应尚未得到充分的认识，在对互花米草进行防治的过程中也要充分发挥其正面效应的积极作用，然后采取适当的措施进行防除。三是加强生物替代机制及应用在互花米草防治中的研究。采用具有生态和经济双重功能的植物（特别是乡土种），控制互花米草的蔓延。四是加强综合防治中各防治办法的实施强度等方面的研究。入侵植物互花米草有着极强的抗物理干扰能力，在进行一定强度、频率、时间和面积的物理、化学等防除之后加以生物替代，方能达到控制互花米草的理想效果。

（姚维志 西南大学）

223

4. 大薸 | *Pistia stratiotes*

【英文名】water lettuce。

【俗　名】水白菜、水莲花、大叶莲。

【分类检索信息】天南星目 Arales，天南星科 Areceae，大薸属 *Pistia*。

【主要形态特征】多年生浮水草本植物。根须发达呈羽状，垂悬于水中，每株植株30～40根，最大长度可达40cm。主茎短缩而叶簇生于其上呈莲座状，叶片淡绿色，初为圆形或倒卵形，略具柄，后为倒卵状楔形、倒卵状长圆形或近线状长圆形，长2～8cm，顶端钝圆而呈微波状，两面都有白色细毛。花序生叶腋间，有短的总花梗，佛焰苞长约1.2cm，白色，内面光滑，外面被毛。果为浆果，卵圆形，内含种子10～15粒，椭圆形，黄褐色。芽由叶基背面的旁侧萌发，最初出现干膜质的细小帽状鳞叶，然后伸长为匍匐茎，最后形成新株分离。

本种类为大薸属的唯一物种（图2-184、图2-185）。

【引种来源】一般认为大薸原产于巴西，现在已广泛分布在热带和亚热带的小溪或淡水湖中，包括南亚、东南亚、南美洲及非洲等地。大薸早在16世纪的《本草纲目》便有记载，推测其约于明末年间即已被引入我国，是较早进入我国的一种入侵植物。

【扩散途径】大薸如何进入我国已不可考。据资料记载，20世纪50年代大薸在我国珠江三角洲一带有大量野生种群，并被开发为养猪和养鱼的饲料。由于它生长快，产量高，因此南方各省都有引入，其分布逐渐从珠江流域移到长江流域，包括湖南、湖北、四川、福建、江苏、浙江、安徽等省。20世纪70年代又北移过了黄河，但由于气温低，其生长期短、产量不高，在北方地区没有推广开来。由于大薸能随水漂流，因此一旦从养殖水体逃逸则极易四处扩散。2010年被列入国家环保总局与中国科学院发布的中国第二批外来入侵生物名单。

【分布情况】在我国黄河以南各省均有自然分布，在广东、广西、贵州、四川、湖南、湖北、福建、江苏、浙江、安徽等省更为常见，常大量生长于小溪或水库、湖泊中，近年来在长江干支流也较多出现。

【栽培概况】20世纪50年代，大薸在我国作为猪饲料被推广，进行了大量的人工栽培，相关技术已十分成熟。自然条件下大薸在珠江流域可以全年放养，四季常青。长江流域则可以放养7～8个月，其余时间要保护越冬，在春季气温升到15℃以上时再放到露天放养。现在这一物种的饲料价值基本被淡化，在南方一些地方被栽培用作净水植物，用于去除水体中的氮、磷以及一些重金属元素。

图2-184　大　薸

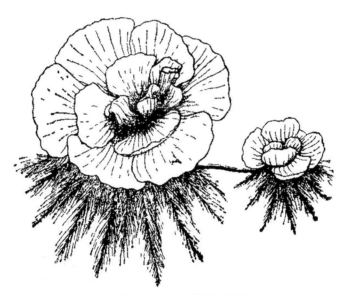

图2-185　大薸形态特征

【栖息环境】生长于海拔200～1 900m的地区，常生于沟渠、静水、湖边、稻田、流水和溪边。

【生物学特征】喜高温湿润气候，不耐严寒，一般在温度15～45℃都能生活，23～35℃时生长繁殖最快，而在10℃以下常常发生烂根掉叶，低于5℃时则枯萎死亡。喜好氮浓度较高的水体，在肥水中生长发育快，分株多，产量高，肥料不足时，叶发黄，根变长，产量也低。能在中性或微碱性水中生长，而以pH 6.5～7.5更为适宜。主要漂浮在静止的淡水水面生长，因此较为喜好静止水体，流动水对其生长相对不利。但在水浅的地方，它的根也会生在水底的泥土中。在自然条件下主要以无性繁殖方式繁殖，在适温季节，一株大薸植株在10d内能繁殖出7～8株，一个月能增殖出60株以上。人工栽培时也可行种子繁殖。先将种子浸在水中，30～35℃条件下3～5d即可发芽。从发芽到成苗需40～50d。大藻对水体中金属离子的耐受能力较强，并可以吸收和富集多种金属。

【可能存在的风险】一是在受到污染的水体中，大藻迅速繁殖，形成单一、致密的草垫，使得水体的透射光明显下降，从而使水体中的浮游植物、沉水植物生长受到限制，影响水生植物的多样性。二是大藻的生长繁殖，使得水体中腐殖质增加，pH下降，水体颜色也会发生改变。水体理化因子的改变，特别是水体中含氧量的下降，水下植物以及动物繁殖场所的减少，会导致水体生物多样性的下降。三是由于大藻生物量的增加，致密的草垫使得水流速度下降，河底没有降解的植物碎屑增加，逐渐在水体中淤积，导致河床抬升。四是大藻大量繁殖，破坏影响河流景观，堵塞河道，妨碍航运和水力发电。五是大藻的入侵将改变当地河流生态系统的固有食物链结构，影响鱼类的正常生长和繁殖，妨碍渔民的捕捞作业。六是大藻常常是带菌动物的繁殖场所，而这些动物可以为人、畜带来疾病。

【防控建议】一是加强物理控制，主要措施包括人工或机械打捞，以及在河流内设置栅栏防止大藻漂移。二是加强大藻转化利用技术研发。大藻可以考虑用作肥料以及用于制药、造纸、生产沼气等。三是加强特异性化学除草剂的研发。四是生物防治。开展夜蛾（Noctuidae）等昆虫幼虫防控大藻的研究。五是综合防控。大藻的暴发与工、农业的污染排放以及生活污水的排放有关。因此，控制河流的点源、面源污染是控制大藻暴发的根本。

（姚维志　西南大学）

第三章

我国外来水生动植物防控工作规划建议

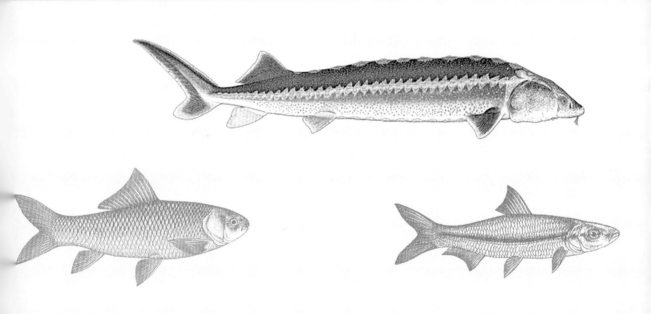

我国幅员辽阔，地理和气候条件复杂，生态系统多样，生物资源极其丰富，是世界上生物多样性最为丰富的12个国家之一。同时，我国水域生态系统类型繁多，包括海洋、江河、湖泊、水库、湿地等，不仅孕育了丰富的水生生物资源，也为外来水生生物的引进、生存和繁衍提供了优良的外部条件。外来水生生物在改善我国水产品结构，满足人们日益增长的消费需求，丰富人们的饮食和休闲文化方面发挥了重要作用，但一些外来水生生物进入自然水域成为入侵种，给我国生物多样性和生态环境带来严重危害，造成重大的经济损失或生态灾难。

为做好外来水生生物防控工作，保护我国生物多样性和生态环境，促进经济和社会的可持续发展，针对防控现状及主要形势提出规划建议。

 防控现状

据不完全统计，为了养殖生产和经济发展的需要，自1957年引进莫桑比克罗非鱼起，截至2013年我国已引进外来水生生物物种约140种。此外随着休闲与观赏渔业的发展，各种国外的观赏鱼类也被大量引进到国内。目前，国内养殖的观赏鱼除极少数本土原生观赏鱼外，其他均为外来物种。由于缺乏有效监管，其中罗非鱼、巴西龟、下口鲶、福寿螺、太阳鱼等部分物种已经演变成了入侵物种，这些水生外来物种破坏了当地特有的水域生态系统，对所在区域的生物多样性产生威胁。据不完全统计，每年我国水生生物入侵造成的经济损失高达300多亿元。但迄今为止，我国尚没有一部专门针对外来物种管理的法律，对外来水生生物的监管还未系统开展。

 主要形势

（一）主要问题

多年来，在各级地方政府和有关部门的共同努力下，外来水生生物防控工作在引种管理、区域性外来水生生物调查与监测、主要入侵物种的科学研究等方面取得了一定成绩，但还存在一些问题，突出表现为：引种风险评价偏重于质量安全卫生，生态安全方面的科学评估严重不足；引种后监管缺位，未制定防逃逸技术规范，对大规模推广应用缺少约束；对现有外来水生生物缺乏系统全面的调查研究和监测，未建立入侵预警机制；对主要外来水生入侵物种的治理缺乏相应的技术和手段。

（二）面临的机遇与挑战

"十三五"期间，外来水生生物防控面临重要的战略机遇。党的十八大将生态文明建设纳入"五位一体"总体布局，党的十八届五中全会将绿色发展作为五大发展理念之一，党的十九大把美丽中国作为建设社会主义现代化强国的重要目标，对生态文明建设提出了一系列新思想、新目标、新要求和新部署。为外来水生生物防控提供了有利的发展环境。渔业供给侧结构性改革深入推进，渔业发展方式加快转变，从追求水产品产量到以"减量增收"为目标的转变，为加强外来水生生物防控释放了发展空间。

同时，外来水生生物防控仍然面临巨大压力和挑战。伴随着经济下行压力加大，发展与保护的矛盾更加突出；水生生物入侵管理缺乏统一的全国性立法，现有法律法规比较分散，规定缺乏针对性和可操作性；监督管理体制不完善，各职能部门间存在交叉、重叠、空白和不科学的地方，缺乏统一的组织协调；全社会对外来水生生物的认识还不统一，缺乏防范意识。

总体来看，外来水生生物防控机遇与挑战并存，必须贯彻落实生态文明建设和绿色发展的要求，突出重点、精准发力，全力推动外来水生生物防控，遏制水生生物多样性衰退趋势，推进水域生态环境保护。

 ## 三　总体思路

（一）指导思想

全面贯彻党的十八大、十九大精神，以习近平新时代中国特色社会主义思想为指导，认真落实党中央、国务院决策部署，围绕统筹推进"五位一体"总布局和协调推进"四个全面"战略布局，践行新发展理念，坚持高质量发展，全面落实《中国水生生物资源养护行动纲要》有关部署安排，坚持监测和防治并重，生产和生态兼顾的原则，通过统筹规划、科学评估、动态监测、强化监管、广泛宣传等措施，实现外来水生生物物种有效管控，防范和治理外来物种对水域生态造成的危害，推动水域生态文明建设和现代渔业可持续发展，促进人与自然和谐共处。

（二）基本原则

1.坚持统筹协调的原则

要处理好外来水生生物防控与渔业发展的关系。在渔业发展中，要优先考虑水生生物多样性及水域生态环境保护，采取积极措施防控水生生物入侵；在外来水生生物防控工作中，要注意避免对外来水生生物物种"一刀切"，在确保生态安全的基础上，应科学、合理利用外来水生生物资源。

2.坚持预防为主的原则

将预防放在突出位置，关口前移，加强引种管理、风险评估、环境监测，从源头上预防水生生物入侵发生；同时，开展水生生物入侵情况普查，综合考虑外来水生入侵生物的入侵程度、危害、相关技术手段等，开展分类治理，达到清除或可持续控制的目的。

3.坚持突出重点的原则

水生生物入侵防控是一项系统工程，必须整体谋划，突出重点，分步实施。要深入调查研究，确定防控工作关键环节和重点区域，精准发力，务求实效。着重加强高风险等级外来水生生物的防控，切实降低其对水域生态环境和经济社会发展造成的危害。

4.坚持社会参与的原则

加强外来水生生物防控科普宣传和教育培训，提高社会公众防范意识，积极引导全社会广泛参与，为外来水生生物物种防控工作开展营造良好的社会氛围，探索调动和激励社会力量参与防治工作的有效机制，形成政府主导、全社会共同参与的合力。

（三）主要目标

外来水生生物物种引种管理进一步加强，建立生态安全风险评价制度和评价体系；建立外来水生生物物种养殖环节监管制度和快速反应体系，制定一批主要外来水生生物物种养殖隔离、缓冲及防逃逸等技术标准或规范；全面掌握全国外来水生生物物种种类和分布区域，建立主要外来水生入侵物种的监测、预警和信息报告制度，在重点防治区域建立一批区域性监控中心或监控点；水生生物入侵防治基础和应用科学研究进一步加强，集中开展一批重大技术难题攻关，防治和管理技术手段得到改善；社会防范意识提高，社会各方参与防治形成合力。

四 重点任务

（一）加强外来水生生物物种引种管理

坚持预防为主的原则，从国家生物安全的高度对外来水生生物物种引种实施严格管理，出台国家层面的外来水生生物物种引种管理条例，建立相应的管理体制和机制，依法防治生物入侵。引种行为实施许可管理，对引种单位的资质进行评估、认定，引种申请实行专项申报，经科学评估后授权引进并备案，建立水生生物入侵责任追究制度。推动建立科学合理的生态安全风险评价制度和评价体系，制定引进物种名录，实行分级管理，对引进物种开展生物多样性和生态环境影响评价，通过评价的才能引进、应用和商业化。

（二）加强养殖环节监管

对引进物种的养殖生产和推广应用施加适当的遏制条件与约束机制，加强外来水生生物物种养殖环节监管。制定重要外来水生生物物种养殖隔离、缓冲及防逃逸等技术标准或规范并指导实施，探索建立高风险等级外来水生生物物种经营利用许可制度；对从事外来水生生物物种经营利用的单位和个人开展日常监测，建立监测档案，定期评估入侵风险，建立快速反应体系。

（三）开展外来水生生物物种普查与监测

组织力量开展外来水生生物物种摸底调查，全面掌握外来水生生物物种种类、数量、分布及入侵情况，开展生态安全风险评价，划分外来水生生物物种的潜在风险等级，编制外来水生生物物种名录；开展入侵物种的生物学和生态学研究，划分入侵物种的危害等级、编制入侵物种名录，构建外来水生生物物种数据库。推动建立外来水生生物物种的监测和预警体系，在重点防治区域建立一批区域性监控中心或监控点，动态监测外来水生生物物种引入地物种种群数量变化，定期开展入侵性风险评估、预测和预警。

（四）加强水生生物入侵防治科学研究

针对当前制约水生生物入侵防治和管理的突出技术难题，加强防治基础和应用科学研究，组织力量集中在物种引进的生态风险评估、扩散途径和入侵危害机制、监测和应急处置、可持续控制和清除、损失评估等领域开展技术攻关，为水生生物入侵防治和管理提供技术支持。

（五）推动全社会共防共治

广泛宣传普及外来水生生物防控知识，提高全民对入侵危害的认识，增强防范意识；倡导"不引种为常态，引种为特例"的生物安全理念，减少盲目引种，避免无意引进。积极推动社会力量参与外来水生生物防控，研究成立社会各方参与的外来水生生物防控联盟，集中力量开展防治工作，推动形成政府主导、社会多方参与的防控工作局面。

 五　保障措施

（一）加强组织领导

各级主管部门要充分认识外来水生生物防控的重要性和紧迫性，把开展外来水生生物防控作为坚持生态优先、推进绿色发展的重要抓手，加强组织领导和统筹协调，制定重点任务和工作目标。各相关部门要各司其职，加强信息沟通和协调配合，建立协作机制，形成推进外来水生生物防控的强大合力。

（二）健全规章制度

尽快制定外来水生生物防控方面的法律法规，探索建立风险评估制度、引种许可制度、名录制度、检验检疫制度、应急处理制度、责任追究制度和经济利益调控机制，制定操作性强的具体实施办法和程序，加强制度间的协调性和统一性。综合运行法律、经济和必要的行政手段，推动各项制度的落实，鼓励进行有利于外来水生生物防控的体制机制创新。

（三）加大资金投入

拓宽投入渠道，加大各级财政对外来水生生物防控能力建设、基础研究和生态恢复的支持力度；积极推行政府和社会资本合作，创新资本回报途径，吸引社会资金参与外来水生生物防控，逐步建立多元化投入机制。

（四）强化宣传引导

通过各种形式和途径，加大外来水生生物防控知识的宣传培训，引导社会各界对水生生物入侵的关注，增强防范意识，提高防范水生生物入侵的自觉性和主动性，为防控工作营造良好的社会氛围。加强舆论监督，广泛动员社会公众、非政府组织参与外来水生生物防控工作的监督。

（全国水产技术推广总站、中国水产学会　郝向举）

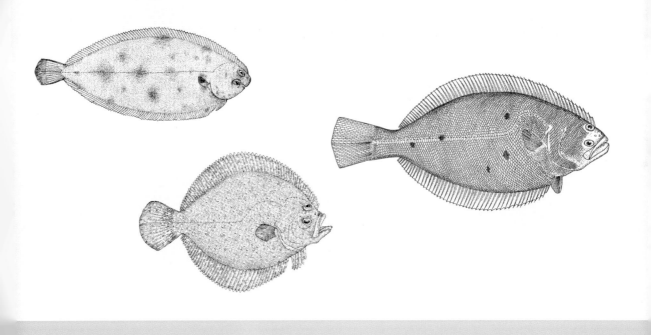

附录一　外来水生动植物名录

编号	目	科	学名	中文名	原产地
			外来水生动物		
一、贝类					
1	Caenogastropoda	Ampullariidae	*Pomacea canaliculata*	福寿螺	南美洲
2	Ostreoida	Ostreidae	*Crassostrea gigas*	太平洋牡蛎	日本
3	Pectinoida	Pectinidae	*Argopecten irradians*	海湾扇贝	北美洲
4			*Patinopecten yessoensis*	虾夷扇贝	日本
5			*Pecten maximus*	欧洲大扇贝	欧洲
6	Veneroida	Veneridae	*Mercenaria mercenaria*	硬壳蛤	北美洲
7	Vetigastropoda	Haliotidae	*Haliotis discus*	日本盘鲍	日本
9			*Haliotis fulgens*	绿鲍	北美洲
0			*Haliotis gigantea*	日本大鲍	日本
10			*Haliotis laevigata*	绿唇鲍	澳大利亚
11			*Haliotis rufescens*	红鲍	北美洲
12			*Panopea abrupta*	太平洋潜泥蛤	北美洲
二、甲壳类					
1	Decapoda	Cambaridae	*Procambarus clarkii*	克氏原螯虾	澳大利亚
2		Palaemonidae	*Macrobrachium rosenbergii*	罗氏沼虾	东南亚
3		Parastacidae	*Cherax quadricarinatus*	红螯螯虾	澳大利亚
4		Parastacidae	*Cherax tenuimanus*	麦龙螯虾	澳大利亚
5		Parastacidae	*Cherax destructor*	亚比虾	澳大利亚
6		Penaeidae	*Metapenaeus ensis*	刀额新对虾	澳大利亚
7		Penaeidae	*Penaeus monodon*	斑节对虾	东南亚
8		Penaeidae	*Penaeus stylirostris*	南美蓝对虾	南美洲
9		Penaeidae	*Litopenaeus vannamei*	南美白对虾	南美洲
三、棘皮类					
1	Echinoida	Strongylocentrotidae	*Strongylocentrotus intermedius*	虾夷马粪海胆	东亚
四、尾索类					
1	Stolidobranchia	Pyuridae	*Halocynthia roretzi*	真海鞘	东亚
五、鱼类					
1	Ceratodontiformes	Ceratodontidae	*Neoceratodus forsteri*	澳洲肺鱼	大洋洲
2		Lepidosirenidae	*Lepidosiren paradoxa*	南美肺鱼	南美洲
3	Myliobatiformes	Potamotrygonidae	*Potamotrygon leopoldi*	豹江魟	南美洲
4			*Potamotrygon motoro*	侧头江魟	南美洲
5			*Potamotrygon orbignyi*	奥氏江魟	南美洲
6	Polypteriformes	Polypteridae	*Erpetoichthys calabaricus*	苇栖多鳍鱼	非洲
7			*Polypterus bichir*	多鳍鱼	非洲
8			*Polypterus delhezi*	戴氏多鳍鱼	非洲

（续）

编号	目	科	学名	中文名	原产地
9			*Polypterus endlicherii*	恩氏多鳍鱼	非洲
10			*Polypterus ornatipinnis*	饰翅多鳍鱼	非洲
11			*Polypterus senegalus*	塞内加尔多鳍鱼	非洲
12			*Polypterus weeksii*	魏氏多鳍鱼	非洲
13	Acipenseriformes	Acipenseridae	*Acipenser baerii*	西伯利亚鲟	亚洲
14			*Acipenser gueldenstaedtii*	俄罗斯鲟	欧洲
15			*Acipenser nudiventris*	裸腹鲟	欧洲
16			*Acipenser ruthenus*	小体鲟	欧洲
17			*Acipenser stellatus*	闪光鲟	欧洲
18			*Huso huso*	欧洲鳇	欧洲
19		Polyodontidae	*Polyodon spathula*	匙吻鲟	北美洲
20	Lepisosteiformes	Lepisosteidae	*Atractosteus spatula*	鳄雀鳝	北美洲
21			*Atractosteus tropicus*	热带雀鳝	北美洲
22			*Lepisosteus osseus*	雀鳝	北美洲
23			*Lepisosteus oculatus*	点雀鳝	北美洲
24	Osteoglossiformes	Notopteridae	*Chitala blanci*	虎纹弓背鱼	亚洲
25			*Chitala chitala*	铠甲弓背鱼	亚洲
26			*Notopterus notopterus*	弓背鱼	亚洲
27		Osteoglossidae	*Osteoglossum bicirrhosum*	骨舌鱼	南美洲
28			*Osteoglossum ferreirai*	费氏骨舌鱼	南美洲
29			*Scleropages formosus*	美丽硬骨舌鱼	亚洲
30			*Scleropages jardini*	乔氏硬骨舌鱼	大洋洲
31			*Scleropages leichardti*	硬骨舌鱼	大洋洲
32			*Arapaima gigas*	巨骨舌鱼	南美洲
33			*Heterotis niloticus*	尼罗鲱柱鱼	非洲
34		Pantodontidae	*Pantodon buchholzi*	齿蝶鱼	非洲
35		Mormyridae	*Gnathonemus petersii*	彼氏锥颌象鼻鱼	非洲
36			*Campylomormyrus elephas*	大弯颌象鼻鱼	非洲
37	Anguilliformes	Anguillidae	*Anguilla anguilla*	欧洲鳗鲡	欧洲
38			*Anguilla rostrata*	美洲鳗鲡	北美国
39			*Anguilla australis*	澳洲鳗鲡	大洋洲
40	Clupeiformes	Chanidae	*Chanos chanos*	虱目鱼	印度洋—太平洋
41		Clupeidae	*Alosa sapidissima*	美洲西鲱	北美洲
42	Cypriniformes	Cyprinidae	*Carassius auratus*	鲫	亚洲
43			*Carassius cuvieri*	高身鲫	亚洲
44			*Cirrhinus mrigala*	麦瑞加拉鲮	亚洲
45			*Labeo rohita*	南亚野鲮	亚洲
46			*Labeo calbasu*	蓝野鲮	亚洲
47			*Labeo chrysophekadion*	金黑鲂	亚洲
48			*Tinca tinca*	丁𩾌	欧洲

（续）

编号	目	科	学名	中文名	原产地
49			*Gibelion catla*	卡特拉鲃	亚洲
50			*Leptobarbus hoevenii*	细须鲃	亚洲
51			*Hypsibarbus wetmorei*	达氏无须鲃	亚洲
52			*Barbonymus gonionotus*	银高体鲃	亚洲
53			*Crossocheilus oblongus*	穗唇鲃	亚洲
54			*Cyprinella lutrensis*	卢伦真小鲤	北美洲
55			*Cyprinus carpio*	鲤	欧洲
56			*Abramis brama*	欧鳊	欧洲
57			*Alburnus chalcoides*	似蜥欧白鱼	欧洲
58			*Balantiocheilos melanopterus*	黑鳍袋唇鱼	亚洲
59			*Barbonymus schwanenfeldii*	施氏鲃	亚洲
60			*Crossocheilus langei*	兰氏穗唇鲃	亚洲
61			*Brachydanio albolineata*	闪电斑马鱼	亚洲
62			*Danio rerio*	斑马鱼	亚洲
63			*Devario malabaricus*	大口鲂	亚洲
64			*Epalzeorhynchos bicolor*	双色角鱼	亚洲
65			*Epalzeorhynchos frenatus*	虹彩野鲮	亚洲
66			*Epalzeorhynchos kalopterus*	金线飞狐	亚洲
67			*Epalzeorhynchos munense*	虹彩野鲮	亚洲
68			*Pethia conchonius*	玫瑰鲃	亚洲
69			*Puntius dorsalis*	长吻无须鲃	亚洲
70			*Barbodes lateristriga*	侧条无须鲃	亚洲
71			*Striuntius lineatus*	线纹无须鲃	亚洲
72			*Oliotius oligolepis*	寡鳞无须鲃	亚洲
73			*Barbodes semifasciolatus*	红目鲃	亚洲
74			*Puntius titteya*	樱桃无须鲃	亚洲
75			*Trigonopoma pauciperforatum*	捷波鱼	亚洲
76			*Trigonostigma espei*	伊氏波鱼	亚洲
77			*Trigonostigma heteromorpha*	异形波鱼	亚洲
78			*Rasbora borapetensis*	红尾波鱼	亚洲
79			*Rasbora trilineata*	三线波鱼	亚洲
80			*Puntigrus tetrazona*	四带无须鲃	亚洲
81			*Laubuka laubuca*	翼元宝鳊	亚洲
82			*Luciosoma trinema*	三线梭大口鱼	亚洲
83			*Boraras maculatus*	美丽波鱼	亚洲
84			*Brevibora dorsiocellata*	背点波鱼	亚洲
85		Cobitidae	*Acantopsis dialuzona*	苍带小刺眼鳅	亚洲
86			*Chromobotia macracanthus*	皇冠沙鳅	亚洲
87			*Pangio kuhlii*	库勒潘鳅	亚洲
88		Catostomidae	*Ictiobus cyprinellus*	美国大口胭脂鱼	北美洲

（续）

编号	目	科	学名	中文名	原产地
89		Gyrinocheilidae	*Gyrinocheilus aymonieri*	湄公双孔鱼	亚洲
90	Characiformes	Alestiidae	*Phenacogrammus interruptus*	断线脂鲤	非洲
91			*Brycinus longipinnis*	长鳍鲑脂鲤	非洲
92			*Hydrocynus goliath*	条纹狗脂鲤	非洲
93			*Ladigesia roloffi*	罗氏拉迪非洲脂鲤	非洲
94			*Bathyaethiops caudomaculatus*	尾斑深埃鲑脂鲤	非洲
95		Anostomidae	*Anostomus anostomus*	红尾上口脂鲤	南美洲
96			*Anostomus ternetzi*	特氏上口脂鲤	南美洲
97			*Chilodus punctatus*	斑点突吻脂鲤	南美洲
98			*Leporinus fasciatus*	兔脂鲤	南美洲
99			*Leporinus affinis*	安芬兔脂鲤	南美洲
100		Curimatidae	*Semaprochilodus insignis*	真唇脂鲤	南美洲
101			*Prochilodus lineatus*	宽体鲮脂鲤	南美洲
102		Characidae	*Aphyocharax rathbuni*	拉氏细脂鲤	南美洲
103			*Astyanax fasciatus*	斑条丽脂鲤	北美洲
104			*Astyanax jordani*	盲脂鲤	北美洲
105			*Astyanax mexicanus*	墨西哥丽脂鲤	北美洲
106			*Axelrodia riesei*	里氏阿克塞脂鲤	南美洲
107			*Boehlkea fredcochui*	蓝灯鱼	南美洲
108			*Chalceus erythrurus*	红铜大鳞脂鲤	南美洲
109			*Chalceus macrolepidotus*	大鳞脂鲤	南美洲
110			*Colossoma macropomum*	黑盖巨脂鲤	南美洲
111			*Piaractus brachypomus*	短盖肥脂鲤	南美洲
112			*Pristella maxillaris*	细锯脂鲤	南美洲
113			*Piaractus mesopotamicus*	细鳞肥脂鲤	南美洲
114			*Pygocentrus nattereri*	纳氏臀点脂鲤	南美洲
115			*Gymnocorymbus ternetzi*	裸顶脂鲤	南美洲
116			*Hasemania nana*	银顶光尾裙鱼	南美洲
117			*Hemigrammus erythrozonus*	红带半线脂鲤	南美洲
118			*Hemigrammus gracilis*	细魮脂鲤	南美洲
119			*Hemigrammus ocellifer*	眼点半线脂鲤	南美洲
120			*Hemigrammus pulcher*	丽半线脂鲤	南美洲
121			*Hemigrammus rhodostomus*	红吻半线脂鲤	南美洲
122			*Hemigrammus rodwayi*	金半线脂鲤	南美洲
123			*Hemigrammus ulreyi*	黑带半线脂鲤	南美洲
124			*Hyphessobrycon anisitsi*	恩氏魮脂鲤	南美洲
125			*Hyphessobrycon eques*	红魮脂鲤	南美洲
126			*Hyphessobrycon erythrostigma*	红点魮脂鲤	南美洲
127			*Hyphessobrycon flammeus*	火焰魮脂鲤	南美洲

（续）

编号	目	科	学名	中文名	原产地
128			*Hyphessobrycon herbertaxelrodi*	黑异纹鿕脂鲤	南美洲
129			*Hyphessobrycon megalopterus*	大鳍鿕脂鲤	南美洲
130			*Hyphessobrycon pulchripinnis*	丽鳍鿕脂鲤	南美洲
131			*Hyphessobrycon rosaceus*	饰鿕脂鲤	南美洲
132			*Hyphessobrycon scholzei*	黄鳍鿕脂鲤	南美洲
133			*Hyphessobrycon socolofi*	索氏鿕脂鲤	南美洲
134			*Hyphessobrycon sweglesi*	史氏鿕脂鲤	南美洲
135			*Metynnis hypsauchen*	施氏银板鱼	南美洲
136			*Moenkhausia pittieri*	闪光直线脂鲤	南美洲
137			*Moenkhausia sanctaefilomenae*	黄带直线脂鲤	南美洲
138			*Nematobrycon lacortei*	彩虹丝尾脂鲤	南美洲
139			*Nematobrycon palmeri*	巴氏丝尾脂鲤	南美洲
140			*Oreichthys cosuatis*	山鿕	亚洲
141			*Paracheirodon axelrodi*	阿氏霓虹脂鲤	南美洲
142			*Paracheirodon innesi*	霓虹脂鲤	南美洲
143			*Paracheirodon simulans*	狭眶鿕脂鲤	南美洲
144			*Petitella georgiae*	珀蒂鱼	南美洲
145			*Prionobrama filigera*	血鳍玻璃鱼	南美洲
146			*Serrapinnus kriegi*	克氏锯翼脂鲤	南美洲
147			*Thayeria obliqua*	企鹅鱼	南美洲
148			*Thayeria boehlkei*	搏氏企鹅鱼	南美洲
149		Citharinidae	*Distichodus sexfasciatus*	六带复齿脂鲤	非洲
150		Gasteropelecidae	*Carnegiella strigata*	飞脂鲤	南美洲
151			*Gasteropelecus sternicla*	胸斧鱼	南美洲
152		Lebiasinidae	*Nannostomus trifasciatus*	三带铅笔鱼	南美洲
153			*Nannostomus beckfordi*	贝氏铅笔鱼	南美洲
154			*Nannostomus marginatus*	短铅笔鱼	南美洲
155	Siluriformes	Clariidae	*Clarias batrachus*	蟾胡子鲇	亚洲
156			*Clarias gariepinus*	革胡子鲇	非洲
157			*Clarias macrocephalus*	斑点胡子鲇	亚洲
158		Doradidae	*Acanthodoras cataphractus*	棘鲇	南美洲
159			*Oxydoras niger*	拟陶乐鲇	南美洲
160			*Platydoras hancockii*	亨氏钝囊鲇	南美洲
161		Ictaluridae	*Ictalurus punctatus*	斑点叉尾鮰	北美洲
162			*Ictalurus furcatus*	长鳍叉尾鮰	北美洲
163			*Ameiurus nebulosus*	云斑鮰	北美洲
164			*Ameiurus melas*	黑鮰	北美洲

（续）

编号	目	科	学名	中文名	原产地
165		Loricariida	*Ancistrus hoplogenys*	盔钩鲇	南美洲
166			*Dekeyseria pulchra*	美丽德凯鲇	南美洲
167			*Farlowella acus*	管吻鲇	南美洲
168			*Hypancistrus zebra*	斑马下钩甲鲇	南美洲
169			*Hypostomus plecostomus*	吸口鲇	南美洲
170			*Leporacanthicus triactis*	兔甲鲇	南美洲
171			*Megalancistrus parananus*	墨西哥翼甲鲇	南美洲
172			*Otocinclus affinis*	筛耳鲇	南美洲
173			*Panaque nigrolineatus*	黑线巴拉圭鲇	南美洲
174			*Peckoltia vittata*	老虎异形	南美洲
175			*Pseudacanthicus leopardus*	狮纹假棘甲鲇	南美洲
176			*Pseudolithoxus anthrax*	炭色拟石钩鲇	南美洲
177			*Pterosturisoma microps*	小眼鲟体鲇	南美洲
178			*Pterygoplichthys multiradiatus*	多辐翼甲鲇	南美洲
179			*Scobinancistrus aureatus*	金色锉钩甲鲇	南美洲
180		Malapteruridae	*Malapterurus electricus*	电鲇	非洲
181		Bagridae	*Mystus vittatus*	条纹鳠	亚洲
182		Mochokidae	*Synodontis angelicus*	花鳍歧须鮠	非洲
183			*Synodontis nigriventris*	黑腹歧须鮠	非洲
184		Pangasiidae	*Pangasianodon hypophthalmus*	低眼无齿䲁	亚洲
185			*Pangasianodon gigas*	湄公河巨鲇	亚洲
186			*Pangasius polyuranodon*	多齿巨鲇	亚洲
187		Pimelodidae	*Aguarunichthys torosus*	秘鲁魅鲇	南美洲
188			*Brachyplatystoma juruense*	朱鲁短平口鲇	南美洲
189			*Brachyplatystoma tigrinum*	斑马鸭嘴油鲇	南美洲
190			*Leiarius pictus*	绣滑油鲇	南美洲
191			*Phractocephalus hemioliopterus*	红尾鲇	南美洲
192			*Pseudoplatystoma fasciatum*	条纹鸭嘴鲇	南美洲
193			*Pimelodus pictus*	平口油鲇	南美洲
194			*Sorubim lima*	铲吻油鲇	南美洲
195			*Zungaro zungaro*	祖鲁鲇	南美洲
196		Pseudopimelodidae	*Microglanis parahybae*	巴西多彩鲇	南美洲
197		Siluridae	*Silurus glanis*	欧鲇	欧洲
198			*Kryptopterus bicirrhis*	双须缺鳍鲇	亚洲
199			*Kryptopterus macrocephalus*	大头缺鳍鲇	亚洲
200		Aspredinidae	*Bunocephalus coracoideus*	双色丘头鲇	南美洲
201		Callichthyidae	*Corydoras aeneus*	侧斑兵鲇	亚洲
202			*Corydoras agassizii*	花尾兵鲇	南美洲

(续)

编号	目	科	学名	中文名	原产地
203			*Corydoras arcuatus*	纵带兵鲇	南美洲
204			*Corydoras axelrodi*	亚氏兵鲇	南美洲
205			*Corydoras blochi*	布氏兵鲇	南美洲
206			*Corydoras hastatus*	矛斑兵鲇	南美洲
207			*Corydoras julii*	豹纹兵鲇	南美洲
208			*Corydoras paleatus*	杂色兵鲇	南美洲
209			*Corydoras polystictus*	多点兵鲇	南美洲
210			*Corydoras pygmaeus*	小兵鲇	南美洲
211			*Corydoras rabauti*	迈氏兵鲇	南美洲
212			*Corydoras reticulatus*	网纹兵鲇	南美洲
213			*Corydoras schwartzi*	施瓦茨氏兵鲇	南美洲
214			*Corydoras trilineatus*	三线兵鲇	南美洲
215			*Scleromystax barbatus*	须美鲇	南美洲
216	Gymnotiformes	Apteronotidae	*Apteronotus albifrons*	线翎电鳗	南美洲
217			*Electrophorus electricus*	电鳗	南美洲
218	Salmoniformes	Salmonidae	*Oncorhynchus keta*	大麻哈鱼	欧洲
219			*Oncorhynchus gorbuscha*	细鳞大麻哈鱼	欧洲
220			*Oncorhynchus kisutch*	银大麻哈鱼	北美洲
221			*Oncorhynchus mykiss*	虹鳟	北美洲
222			*Oncorhynchus aguabonita*	阿瓜大麻哈鱼	北美洲
223			*Salmo trutta*	鳟	欧洲
224			*Salmo salar*	大西洋鲑	北美洲
225			*Salvelinus fontinalis*	美洲红点鲑	北美洲
226			*Salvelinus leucomaenis*	白斑红点鲑	亚洲
227			*Coregonus artedi*	湖白鲑	北美洲
228			*Coregonus muksun*	穆森白鲑	欧洲
229			*Coregonus peled*	高白鲑	欧洲
230			*Coregonus zuerichensis*	苏黎世湖白鲑	欧洲
231			*Coregonus nasus*	宽鼻白鲑	欧洲
232	Osmeriformes	Osmeridae	*Hypomesus nipponensis*	西太公鱼	亚洲
233	Beloniformes	Hemiramphidae	*Dermogenys pusilla*	皮颏鱵	亚洲
234		Hemiramphidae	*Nomorhamphus liemi*	利氏正鱵	亚洲
235	Cyprinodontiformes	Poeciliidae	*Gambusia affinis*	食蚊鱼	北美洲
236			*Micropanchax macrophthalmus*	大眼灯鳉	非洲
237			*Poecilia latipinna*	茉莉花鳉	北美洲
238			*Poecilia reticulata*	孔雀花鳉	南美洲
239			*Poecilia sphenops*	黑花鳉	南美洲
240			*Poecilia velifera*	帆鳍花鳉	北美洲
241			*Poropanchax normani*	诺门灯鳉	非洲

（续）

编号	目	科	学名	中文名	原产地
242			*Xiphophorus helleri*	剑尾鱼	北美洲
243			*Xiphophorus maculatus*	新月鱼	北美洲
244		Cyprinodontidae	*Jordanella floridae*	乔氏鳉	北美洲
245		Aplocheilidae	*Nothobranchius guentheri*	贡氏假鳃鳉	非洲
246			*Nothobranchius rachovii*	拉氏假鳃鳉	非洲
247			*Austrolebias nigripinnis*	黑鳍珠鳉	南美洲
248			*Aplocheilus lineatus*	线纹鰕鳉	亚洲
249			*Aphyosemion bivittatum*	红旗鳉	非洲
250			*Aphyosemion celiae*	雪莉旗鳉	非洲
251	Atheriniformes	Melanotaeniidae	*Bedotia geayi*	吉氏皮杜银汉鱼	非洲
252			*Iriatherina werneri*	伊岛银汉鱼	大洋洲
253			*Marosatherina ladigesi*	拉迪氏沼银汉鱼	亚洲
254			*Melanotaenia fluviatilis*	河虹银汉鱼	大洋洲
255			*Melanotaenia lacustris*	湖虹银汉鱼	大洋洲
256			*Melanotaenia maccullochi*	麦氏点鳍鱼	大洋洲
257			*Melanotaenia nigrans*	黑带虹银汉鱼	大洋洲
258			*Melanotaenia praecox*	薄唇虹银汉鱼	亚洲
259			*Melanotaenia splendida*	丑虹银汉鱼	大洋洲
260			*Glossolepis incisus*	舌鳞银汉鱼	亚洲
261			*Pseudomugil furcatus*	叉沼汉鱼	大洋洲
262	Synbranchiformes	Mastacembelidae	*Mastacembelus erythrotaenia*	红纹刺鳅	亚洲
263	Perciformes	Sciaenidae	*Sciaenops ocellatus*	眼斑拟石首鱼	北美洲
264		Anabantidae	*Anabas testudineus*	攀鲈	亚洲
265			*Ctenopoma acutirostre*	小点非洲攀鲈	非洲
266		Ceutrarchidae	*Micropterus salmoides*	大口黑鲈	北美洲
267			*Lepomis macrochirus*	蓝鳃太阳鱼	北美洲
268			*Lepomis cyanellus*	蓝太阳鱼	北美洲
269			*Lepomis megalotis*	长耳太阳鱼	北美洲
270			*Lepomis auritus*	红胸太阳鱼	北美洲
271			*Pomoxis nigromaculatus*	刺盖太阳鱼	北美洲
272		Centropomidae	*Lates calcarifer*	尖吻鲈	亚洲
273		Channidae	*Channa micropeltes*	小盾鳢	亚洲
274			*Channa striata*	线鳢	亚洲
275			*Parambassis ranga*	兰副双边鱼	亚洲
276		laicistia	*Cynoscion nebulosus*	美国石首鱼	大西洋西部
277			*Morone saxatilis*	美洲条纹狼鲈	西大西洋
278			*Astronotus ocellatus*	图丽鱼	南美洲
279			*Aequidens pulcher*	美宝丽鱼	南美洲
280			*Aequidens rivulatus*	绿宝丽鱼	南美洲
281			*Altolamprologus calvus*	珍珠亮丽鲷	非洲

（续）

编号	目	科	学名	中文名	原产地
282			*Altolamprologus compressiceps*	荧点亮丽鲷	非洲
283			*Amatitlania nigrofasciata*	九间始丽鱼	北美洲
284			*Amphilophus citrinellus*	红魔丽体鱼	北美洲
285			*Amphilophus labiatus*	厚唇双冠丽鱼	北美洲
286			*Andinoacara rivulatus*	红尾皇冠	南美洲
287			*Apistogramma agassizii*	小隐带丽鱼	南美洲
288			*Apistogramma bitaeniata*	双带隐带丽鱼	南美洲
289			*Apistogramma borellii*	凤凰隐带丽鱼	南美洲
290			*Apistogramma brevis*	短身隐带丽鱼	南美洲
291			*Apistogramma cacatuoides*	丝鳍隐带丽鱼	南美洲
292			*Apistogramma eunotus*	矶隐带丽鱼	南美洲
293			*Apistogramma guttata*	斑点短鲷	南美洲
294			*Apistogramma hongsloi*	杭氏隐带丽鱼	南美洲
295			*Apistogramma hoignei*	霍氏隐带丽鱼	南美洲
296			*Apistogramma iniridae*	圭亚那隐带丽鱼	南美洲
297			*Apistogramma nijsseni*	尼氏隐带丽鱼	南美洲
298			*Apistogramma norberti*	诺氏隐带丽鱼	南美洲
299			*Apistogramma panduro*	壮身隐带丽鱼	南美洲
300			*Apistogramma piauiensis*	皮奥伊隐带丽鱼	南美洲
301			*Apistogramma pulchra*	美身隐带丽鱼	南美洲
302			*Apistogramma trifasciata*	三带隐带丽鱼	南美洲
303			*Apistogramma viejita*	维杰隐带丽鱼	南美洲
304			*Apistogrammoides pucallpaensis*	普卡尔似隐带丽鱼	南美洲
305			*Aulonocara baenschi*	贝氏孔雀鲷	非洲
306			*Aulonocara jacobfreibergi*	孔雀鲷鱼	非洲
307			*Aulonocara nyassae*	非洲孔雀鲷	非洲
308			*Aulonocara stuartgranti*	斯氏孔雀鲷	非洲
309			*Cichla ocellaris*	眼点丽鱼	南美洲
310			*Cichlasoma bifasciatum*	双带丽体鱼	北美洲
311			*Cichlasoma citrinellum*	红魔丽体鱼	北美洲
312			*Cichlasoma trimaculatum*	三斑丽体鱼	北美洲
313			*Copadichromis azureus*	阿祖桨鳍丽鱼	非洲
314			*Copadichromis borleyi*	博氏桨鳍丽鱼	非洲
315			*Crenicichla lepidota*	红矛丽鱼	南美洲
316			*Cryptoheros spilurus*	卡氏丽体鱼	北美洲
317			*Cyathopharynx furcifer*	叉杯咽丽鱼	非洲
318			*Cynotilapia afra*	犬齿非鲫	非洲
319			*Cyrtocara moorii*	蓝隆背丽鲷	非洲
320			*Cyphotilapia frontosa*	驼背非鲫	非洲

（续）

编号	目	科	学名	中文名	原产地
321			*Cyprichromis leptosoma*	细体爱丽鱼	非洲
322			*Dicrossus filamentosus*	宽颊弦尾鱼	南美洲
323			*Dicrossus maculatus*	斑弦尾鱼	南美洲
324			*Dimidiochromis compressiceps*	扁首朴丽鱼	非洲
325			*Pseudetroplus maculatus*	橘子鱼	亚洲
326			*Fossorochromis rostratus*	吻沟非鲫	亚洲
327			*Geophagus brasiliensis*	巴西珠母丽鱼	南美洲
328			*Gymnogeophagus balzanii*	巴氏珠母丽鱼	南美洲
329			*Hemichromis bimaculatus*	双斑伴丽鱼	非洲
330			*Hemichromis elongatus*	长体伴丽鱼	非洲
331			*Hemichromis guttatus*	点纹伴丽鱼	非洲
332			*Hemichromis lifalili*	玫瑰伴丽鱼	非洲
333			*Herichthys carpintis*	匠丽体鱼	北美洲
334			*Herichthys cyanoguttatus*	蓝斑丽体鱼	北美洲
335			*Heros severus*	英丽鱼	南美洲
336			*Hypselecara coryphaenoides*	似鲯高地丽鱼	南美洲
337			*Hypselecara temporalis*	狮王丽体鱼	南美洲
338			*Julidochromis dickfeldi*	迪氏尖嘴丽鱼	非洲
339			*Julidochromis regani*	雷氏尖嘴丽鱼	非洲
340			*Labeotropheus fuelleborni*	菲氏突吻丽鱼	非洲
341			*Labidochromis caeruleus*	淡黑镊丽鱼	非洲
342			*Melanochromis auratus*	金拟丽鱼	非洲
343			*Mesonauta festivus*	花边中丽鱼	南美洲
344			*Maylandia greshakei*	格氏拟丽鱼	非洲
345			*Maylandia lombardoi*	黄色拟丽鱼	非洲
346			*Maylandia zebra*	斑马拟丽鱼	非洲
347			*Mikrogeophagus altispinosus*	高棘小噬土丽鲷	南美洲
348			*Mikrogeophagus ramirezi*	拉氏小噬土丽鲷	南美洲
349			*Nannacara anomala*	矮丽鱼	南美洲
350			*Nanochromis nudiceps*	裸头彩短鲷	非洲
351			*Nanochromis parilus*	蓝腹彩短鲷	非洲
352			*Neolamprologus brichardi*	长体亮丽鲷	非洲
353			*Neolamprologus caudopunctatus*	尾斑新亮丽鲷	非洲
354			*Neolamprologus fasciatus*	条纹新亮丽鲷	非洲
355			*Neolamprologus leleupi*	勒氏新亮丽鲷	非洲
356			*Neolamprologus longior*	郎吉新亮丽鲷	非洲
357			*Neolamprologus similis*	似新亮丽鲷	非洲

(续)

编号	目	科	学名	中文名	原产地
358			*Neolamprologus tretocephalus*	孔头新亮丽鲷	非洲
359			*Nimbochromis fuscotaeniatus*	扇鳍臼齿丽鲷	非洲
360			*Nimbochromis venustus*	爱神雨丽鱼	非洲
361			*Ophthalmotilapia ventralis*	腹大眼非鲫	非洲
362			*Oreochromis aureus*	奥利亚罗非鱼	非洲
363			*Oreochromis mossambicus*	莫桑比克罗非鱼	非洲
364			*Oreochromis niloticus*	尼罗罗非鱼	非洲
365			*Oreochromis andersonii*	安氏罗非鱼	非洲
366			*Parachromis friedrichsthalii*	弗氏丽体鱼	北美洲
367			*Parachromis managuensis*	马那瓜丽体鱼	北美洲
368			*Paracyprichromis nigripinnis*	黑翅副爱丽鱼	非洲
369			*Parananochromis caudifasciatus*	尾纹副南丽鱼	非洲
370			*Paraneetroplus synspilus*	红头丽体鱼	北美洲
371			*Pelvicachromis pulcher*	矛耙丽鱼	非洲
372			*Pelvicachromis taeniatus*	带突颌丽鱼	非洲
373			*Placidochromis milomo*	米洛柔丽鲷	非洲
374			*Pseudocrenilabrus multicolor*	多色朴丽鱼	非洲
375			*Pseudotropheus elongatus*	长体拟丽鱼	非洲
376			*Pseudotropheus socolofi*	沙氏拟丽鱼	非洲
377			*Pterophyllum altum*	埃及神仙鱼	南美洲
378			*Pterophyllum scalare*	大神仙鱼	南美洲
379			*Rocio octofasciata*	十带丽体鱼	北美洲
380			*Sarotherodon galilaeus*	伽利略罗非鱼	非洲
381			*Sarotherodon melanotheron*	萨罗罗非鱼	非洲
382			*Satanoperca jurupari*	朱氏撒旦鲈	南美洲
383			*Sciaenochromis ahli*	阿氏鬼丽鱼	非洲
384			*Sciaenochromis fryeri*	弗赖尔魅影鲷	非洲
385			*Scortum barcoo*	宝石鲈	大洋洲
386			*Symphysodon aequifasciatus*	绿盘丽鱼	南美洲
387			*Symphysodon discus*	盘丽鱼	南美洲
388			*Tilapia zillii*	齐氏罗非鱼	非洲
389			*Tilapia buttikoferi*	布氏罗非鱼	非洲
390			*Pelmatolapia mariae*	点非鲫	非洲
391			*Taeniacara candidi*	坎氏纹首丽鱼	南美洲
392			*Telmatochromis bifrenatus*	双口沼丽鱼	非洲
393			*Thorichthys meeki*	火口鱼	北美洲
394			*Tropheops tropheops*	横纹拟丽鱼	非洲
395			*Tropheus brichardi*	布氏蓝首鱼	非洲
396			*Tropheus duboisi*	灰体蓝首鱼	非洲

（续）

编号	目	科	学名	中文名	原产地
397			*Tropheus moorii*	红身蓝首鱼	非洲
398			*Uaru amphiacanthoides*	三角丽鱼	南美洲
399			*Xenotilapia ochrogenys*	苍奇非鲫	非洲
400		Datnioididae	*Datnioides microlepis*	小鳞拟松鲷	亚洲
401		Eleotridae	*Oxyeleotris marmorata*	云斑尖塘鳢	亚洲
402			*Oxyeleotris lineolata*	线纹尖塘鳢	大洋洲
403			*Eleotris fusca*	褐塘鳢	亚洲
404		Gobiidae	*Brachygobius doriae*	道氏短虾虎鱼	亚洲
405			*Brachygobius xanthozonus*	黄带短虾虎鱼	亚洲
406		Helostomatidae	*Helostoma temminkii*	吻鲈	亚洲
407		Lutjanidae	*Lutjanus argentimaculatus*	紫红笛鲷	亚洲
408		Monodactylidae	*Monodactylus sebae*	非洲鸢鱼	南美洲
409		Moronidae	*Morone saxatilis*	带纹白鲈	北美洲
410			*Morone chrysops*	金眼狼鲈	北美洲
411		Osphronemidae	*Osphronemus goramy*	金丝足鲈	亚洲
412			*Osphronemus laticlavius*	宽丝足鲈	亚洲
413			*Betta pugnax*	好斗搏鱼	亚洲
414			*Betta splendens*	五彩搏鱼	亚洲
415			*Belontia signata*	梳尾格斗鱼	亚洲
416			*Trichogaster chuna*	恒河毛足斗鱼	亚洲
417			*Trichogaster labiosa*	毛足鲈	亚洲
418			*Trichogaster lalius*	拉利毛足鲈	亚洲
419			*Trichogaster leerii*	珍珠毛足鲈	亚洲
420			*Trichogaster microlepis*	小鳞毛足鲈	亚洲
421			*Trichopodus pectoralis*	糙鳞毛足鲈	亚洲
422			*Trichopodus trichopterus*	丝鳍毛足鲈	亚洲
423			*Trichopsis pumila*	短攀鲈	亚洲
424			*Sphaerichthys osphromenoides*	锯盖足鲈	亚洲
425		Percichthyidae	*Maccullochella peelii*	虫纹鳕鲈	大洋洲
426			*Macquaria ambigua*	澳洲金鲈	大洋洲
427		Percidae	*Sander vitreus*	玻璃梭鲈	北美洲
428			*Sander lucioperca*	白梭吻鲈	欧洲
429			*Perca flavescens*	黄金鲈	北美洲
430			*Perca fluviatilis*	河鲈	亚洲
431		Polycentridae	*Monocirrhus polyacanthus*	多棘单须叶鲈	南美洲
432		Theraponidae	*Bidyanus bidyanus*	银锯眶鯻	大洋洲
433			*Hephaestus fuliginosus*	厚唇弱棘鯻	大洋洲
434		Toxotidae	*Toxotes jaculatrix*	射水鱼	亚洲
435		Pomacentridae	*Amphiprion nigripes*	红小丑鱼	西印度洋

（续）

编号	目	科	学名	中文名	原产地
436			*Amphiprion ocellaris*	公子小丑鱼	印度洋—西太平洋
437			*Amphiprion akindynos*	黑公子小丑鱼	西太平洋
438			*Amphiprion chrysopterus*	双带小丑鱼	太平洋
439			*Amphiprion poiymnus*	鞍背小丑鱼	西太平洋
440			*Dascyllus aruanus*	三间雀	印度洋—西太平洋
441			*Dascyllu melanurus*	四间雀	西太平洋
442			*Hypsypops rubicunda*	美国红雀	中东太平洋
443			*Chrysiptera taupou*	美国蓝魔鬼	西太平洋
444			*Chrysiptera parasema*	黄尾蓝魔鬼	西太平洋
445			*Pomacentrus coelestis*	黄肚蓝魔鬼	东印度洋
446			*Pomacentrus alleni*	电光蓝魔鬼	东印度洋—西太平洋
447			*Pomacentrus moluccensis*	黄雀	西太平洋
448			*Holacanthus ciliaris*	女王神仙	西大西洋
449			*Holacanthus passer*	国王神仙	东太平洋
450			*Apolemichthys arcuatus*	蒙面神仙	中东太平洋
451			*Pygotites diacanthus*	皇帝神仙	印度洋—太平洋
452			*Euxiphipops navarchus*	极品神仙	印度洋—太平洋
453			*Euxiphipops xanthometapon*	蓝面神仙	印度洋—太平洋
454			*Pomacanthus imperator*	皇后神仙	印度洋—太平洋
455			*Pomcanthus semicirculatus*	耳斑神仙	印度洋—西太平洋
456			*Pomacanthus paru*	法国神仙	西大西洋
457		Chaetodontidae	*Chaetodon auriga*	人字蝶	印度洋—太平洋
458			*Chaetodon ephippim*	月光蝶	印度洋—太平洋
459			*Chaetodon falcula*	印度三间蝶	印度洋
460			*Chaetodon larvatus*	天青蝴蝶鱼	西印度洋
461			*Chaetodon lunula*	月眉蝶	印度洋—太平洋
462			*Chaetodon octofasciatus*	八带蝴蝶鱼	印度洋—西太平洋
463			*Chaetodon rostratus*	铜间蝴蝶鱼	西太平洋

（续）

编号	目	科	学名	中文名	原产地
464			*Chaetodon rafflesi*	网纹蝴蝶鱼	印度洋—太平洋
465			*Chaetodon trifasciatus*	冬瓜蝶	印度洋—太平洋
466			*Heniochus acuminatus*	黑白关刀	印度洋—太平洋
467			*Heniochus varius*	印度关刀	太平洋
468			*Heniochus singularius*	魔鬼关刀	太平洋
469		Acanthuridae	*Acanthurus pyroferus*	黄倒吊	印度洋—太平洋
470			*Acanthurus japonicus*	花倒吊	印度洋—西太平洋
471			*Naso lituratus*	正吊	太平洋
472			*Paracanthurus hepatus*	蓝倒吊	印度洋—太平洋
473			*Zebrasoma flavescens*	黄三角倒吊	太平洋
474			*Zebrasoma veliferum*	珍珠大帆倒吊	西印度洋
475		Serranidae	*Anthias flavogutttus*	红鱼	印度洋—西太平洋
476			*Anthias tuka*	紫色鱼	印度洋—西太平洋
477			*Calloplesiops altivelis*	七夕斗鱼	印度洋—西太平洋
478			*Pseudochromis porphyreus*	草莓	西太平洋
479			*Hoplolatilus fourmanoiri*	黄鸳鸯	西太平洋
480			*Hoplolatilus marcosi*	红线鸳鸯	印度洋—西太平洋
481	Pleuronectiformes	Achiridae	*Catathyridium jenynsii*	詹氏无臂鳎	南美洲
482		Scophthalmidae	*Psetta maxima*	大菱鲆	欧洲大西洋
483		Bothidae	*Paralichthys lethostigma*	大西洋漠斑牙鲆	大西洋西部
484		Pleuronectidae	*Verasper moseri*	条斑星鲽	日本茨城县以北到鄂霍茨克海以南海域
485		Soleidae	*Solea solea*	鳎	地中海
486	Tetraodontiformes	Tetraodontidae	*Colomesus asellus*	亚马孙河方头鲀	南美洲
487			*Dichotomyctere ocellatus*	双睛斑凹鼻鲀	亚洲
488			*Tetraodon fluviatilis*	河栖凹鼻鲀	亚洲
489			*Tetraodon lineatus*	阿拉伯鲀	非洲
490			*Tetraodon nigroviridis*	暗绿鲀	亚洲

（续）

编号	目	科	学名	中文名	原产地
491			*Monotremus palembangensis*	网纹单孔鲀	亚洲
492			*Takifugu rubripes*	红鳍东方鲀	亚洲
493		Balistidae	*Balistoides conspicillum*	小丑炮弹	印度洋—太平洋
494			*Balistoides undulatus*	黄纹炮弹	印度洋—太平洋
495			*Balistes vetula*	女王炮弹	东大西洋
496			*Rhinecanthus aculeatus*	鸳鸯炮弹	印度洋—太平洋
497			*Chaetodermis pencillogerus*	龙须炮弹	印度洋—西太平洋
498	Scorpaeniformes	Scorpaenidae	*Pterois antennata*	狮子鱼	印度洋—西太平洋
499			*Pterois radiata*	白针狮子鱼	印度洋—西太平洋
500			*Pterois volitans*	长须狮子鱼	太平洋
501	Syngnathiformes	Syngnathidae	*Hippocampus kuda*	黄金海马	印度洋—西太平洋
502			*Hippocampus coronatus*	红海马	西北太平洋
503			*Pyhllopteryx taeniolatus*	海龙	东印度洋
504			*Dunkerocampus dactyliophorus*	斑节海龙	印度洋—西太平洋

六、两栖爬行类

编号	目	科	学名	中文名	原产地
1	Anura	Ranidae	*Lithobates heckscheri*	河蛙	美国
2		Ranidae	*Rana catesbeiana*	牛蛙	古巴
3		Ranidae	*Rana grylio*	沼泽绿牛蛙	美国
4	Testudines	Emydidae	*Trachemys scripta*	巴西红耳龟	美国和墨西哥
5			*Chrysemys picta*	锦龟	北美洲
6			*Siebenrockiella crassicollis*	粗颈龟	东南亚
7		Chelydridae	*Chelydra serpentina*	拟鳄龟	北美洲
8			*Macrochelys temminckii*	大鳄龟	北美洲
9		Geoemydidae	*Annamemys annamensis*	安南龟	越南
10			*Morenia petersi*	印度沼龟	印度和孟加拉国
11			*Cyclemys tcheponensis*	条颈摄龟	东南亚
12			*Hardella thurjii*	草龟	印度和孟加拉国
13			*Heosemys grandis*	亚洲巨龟	东南亚
14			*Hieremys annandalei*	庙龟	东南亚

（续）

编号	目	科	学名	中文名	原产地
15			*Malayemys subtrijuga*	马来龟	东南亚
16			*Cuora amboinensis*	安布闭壳龟	东南亚
17			*Orlitia borneensis*	马来西亚巨龟	印度尼西亚、马来西亚
18			*Geoclemys hamiltonii*	斑点池龟	南亚
19			*Callagur borneoensis*	彩龟	东南亚
20			*Geoemyda japonica*	日本地龟	东亚
21		Trionychidae	*Apalone ferox*	珍珠鳖	美国
22			*Apalone mutica*	美国鳖	美国
23			*Dogania subplana*	马来鳖	马来西亚
24	Crocodilia	Crocodylidae	*Crocodylus porosus*	湾鳄	东南亚
25			*Crocodylus siamensis*	暹罗鳄	东南亚
外来水生植物					
1	Hormogonales	Oscillatoriaceae	*Spirulina platensis*	钝顶螺旋藻	非洲
2			*Spirulina maxima*	极大螺旋藻	墨西哥
3	Lamiaariales	Laminariaceae	*Laminaria japonica*	日本真海带	太平洋沿岸
4		Laminariaceae	*Laminaria longissima mayabe*	长叶海带	太平洋沿岸
5	Gigartinales	Solieriaceae	*Eucheuma striatum*	异枝麒麟菜	非洲、亚洲
6	Chlamydomonadales	Dunaliellaceae	*Dunaliella salina*	盐生杜氏藻	地中海沿岸
7	Eustigmatales	Eustigmataceae	*Nannochloropsis oculata*	眼点拟微绿藻	日本
8	Laminariales	Lessoniaceae	*Macrocystis pyrifera*	巨藻	美洲太平洋沿岸
9	Chlorodendrales	Chlorodendraceae	*Tetraselmis* sp.	卡德藻	加拿大
10	Bangiales	Bangiaceae	*Porphyra yezoensis*	日本有明海奈良轮条斑紫菜	东亚
11	Poales	Poaceae	*Spartina anglica*	大米草	英国南海岸
12	Caryophyllales	Gramineae	*Spartina alterniflora*	互花米草	美国东南部海岸
13		Amaranthaceae	*Alternanthera philoxeroides*	空心莲子草	南美洲
14	Commelinales	Pontederiaceae	*Eichhornia crassipes*	凤眼莲	美洲
15	Alismatales	Araceae	*Pistia stratiotes*	大薸	美洲

附录二 纳入国家重点监管或已明确为外来入侵物种的外来水生动植物

序号	中文名	学名	国家重点管理外来入侵物种名录（第一批）	国家重点管理外来入侵物种名录（第二批待发）
1	水花生（空心莲子草）	*Alternanthera philoxeroides*	★	
2	水葫芦（凤眼莲）	*Eichhornia crassipes*	★	
3	大薸	*Pistia stratiotes*	★	
4	互花米草	*Spartina alterniflora*	★	
5	福寿螺	*Pomacea canaliculata*	★	
6	纳氏臀点脂鲤	*Pygocentrus nattereri*	★	
7	牛蛙	*Rana catesbeiana*	★	
8	巴西红耳龟	*Trachemys scripta elegans*	★	
9	鳄雀鳝	*Atractosteus spatula*		☆
10	小鳄龟（蛇鳄龟）	*Chelydra serpentina*		☆
11	豹纹翼甲鲇	*Pterygoplichthys pardalis*		☆
12	齐氏罗非鱼	*Tilapia zillii*		☆

作者简介

董志国

董志国，博士，教授，硕士研究生导师。1977年12月生，2012年毕业于上海海洋大学水产养殖专业。主要从事贝类和蟹类的种质资源与遗传育种研究。现为江苏海洋大学海洋生命与水产学院副院长。

郝向举

郝向举，1985年4月生，中共党员，农学硕士，工程师。2010年7月到全国水产技术推广总站工作。曾任中国水产杂志社记者、编辑。主要研究和工作领域：稻渔综合种养、大水面生态渔业、渔业资源修复、生物入侵、新闻传播。

顾党恩

顾党恩，副研究员，2011年至今在中国水产科学研究院珠江水产研究所从事鱼类生态学研究，2016年1月入选"中国水产科学研究院百名英才"，作为牵头人牵头了国家农业基础性长期性专项"水产外来种调查监测与风险评估"工作的开展。

姚维志

　　姚维志，1965年4月出生。西南大学渔业资源环境研究中心主任、西南大学动物科技学院教授、国家贝类产业技术体系重庆综合试验站站长。在长江上游鱼类及其生境保护、池塘生态养殖、大水面生态渔业技术等领域具有较高研究水平。

罗刚

　　罗刚，全国水产技术推广总站、中国水产学会资源养护处处长/高级工程师。毕业于上海海洋大学，主要研究方向为水生生物资源养护管理。近年来主要开展了增殖放流、海洋牧场、渔业水域生态修复、外来水生生物物种防控、水野保护等方面的相关研究。

杨叶欣

　　杨叶欣，女，中国水产科学研究院珠江水产研究所助理研究员，研究方向是外来水生动物入侵机制及防控技术。主要工作是从分子水平探究外来水生动物入侵的生态适应机理，为入侵物种的监测预警及防控提供理论参考。

熊波

　　熊波，1972年9月生，西南大学动物科技学院讲师，长期从事内陆渔业资源保护与利用方向研究工作，主持科研项目10余项，参与国际合作项目、省部级项目等科研项目20余项，获得重庆市科技进步二等奖1项。

葛红星

　　葛红星　男，博士，副教授，1986年7月生，2017年6月毕业于中国海洋大学水产养殖专业，现工作于江苏海洋大学海洋生命与水产学院水产养殖系。硕士研究生导师，江苏省苏北发展特聘专家，江苏省"双创人才"。主要研究方向为贝类种质资源与健康养殖，海洋牧场构建与可控生态系营造。

李娇

　　李娇，女，博士。2007年加入中国水产科学研究院黄海水产研究所，从事设施渔业研究，主要研究方向为人工鱼礁、海洋牧场、渔业养殖设施与装备工程。发表论文30余篇，获国家发明专利10余项，合作出版著作5部，共获省部级奖项3项。

高浩渊

　　高浩渊，1993年生，2015年本科毕业于中国农业大学，2017年研究生毕业于日本筑波大学，生物工学硕士，助理工程师。2018年7月参加工作。主要研究领域：海洋牧场建设与管理，水生生物资源保护及外来水生生物入侵防控。

徐猛

　　徐猛，男，2012年博士毕业于中山大学生态学专业。毕业至今在中国水产科学研究院珠江所从事外来水生生物入侵机制及风险评估工作。承担项目25项，包括国家重点研发计划、国家自然科学基金重点项目等，其中主持国家自然科学基金青年基金、广州市珠江科技新星等项目。

罗渡

罗渡，男，任职于中国水产科学研究院珠江水产研究所，主要研究水生态安全与渔业可持续发展。主持国家基金等项目多项，参与重点研发计划2项。发表论文32篇，参编中英文专著8部，获得授权国家专利25项。长期从事大口黑鲈的生态学研究。

韦慧

韦慧，博士，任职于中国水产科学研究院珠江水产研究所。从事外来物种风险评估及入侵机制研究。近年来承担课题9项，其中主持项目国家自然科学基金等项目共3项，公开发表论文18篇，参编书籍6部，授权专利11项。

张涛

张涛，1976年生，中国水产科学研究院东海水产研究所研究员，主要从事鲟鱼人工驯养与繁育研究。先后主持和参加了施氏鲟和西伯利亚鲟等鲟鱼的人工繁殖与养殖技术研究与开发，并开展了长江口外来鲟鱼调查监测等相关工作。

刘超

刘超，1978年10月生，2002年毕业于湛江海洋大学水产养殖专业，助理研究员。现任职于中国水产科学研究院珠江水产研究所。主要研究方向是外来观赏鱼类的监测、名贵观赏鱼繁育等。

赵峰

赵峰，1978年10月生，山东德州人。博士，研究员，上海市农业领军人才，中国水产学会首届中国水产青年科技奖获得者、中国水产科学研究院中青年拔尖人才。现任中国水产科学研究院东海水产研究所河口渔业实验室主任，兼任南京农业大学、上海海洋大学、天津农学院研究生导师，世界鲟鱼保护学会（WSCS）、北太平洋海洋科学组织（PICES）、中国水产学会、上海市水产学会和上海市动物学会会员。主要从事水生生物学、保护生物学和恢复生态学研究。

李永涛

李永涛，1989年3月生，博士，2018年毕业于中国科学院水生生物研究所。现为中国水产科学研究院黄海水产研究所助理研究员。研究方向为海洋哺乳动物种群生态学与保护生物学。目前主要工作是开展黄渤海东亚江豚种群变动趋势与栖息地选择研究工作，探究其种群濒危机制，为东亚江豚的种群保护与管理提供理论依据。